U0295885

食品微生物创新性实验设计与应用

主编：赵渝

编者：李倩倩　孟冬青　丁然　俞漪

内容提要

本教材是上海市教委应用型本科建设项目内容之一，内容分为实验设计及要素、微生物学操作、创新性实验设计3篇，共15章，其中包含56个实验，包括显微技术、染色技术、培养基配制、灭菌技术、操作技术，微生物的大小与数量测定、微生物培养、微生物生理生化、分子技术、免疫学技术、微生物的保藏技术等内容。书后附有常用染色液、试剂、溶液的配制方法。本教材适宜作为高等院校食品专业本科食品微生物实验教材，也可作为相关专业研究生及科研人员的参考书。

图书在版编目（CIP）数据

食品微生物创新性实验设计与应用／赵渝主编．—上海：上海交通大学出版社，2023.9

ISBN 978-7-313-29176-9

Ⅰ.①食… Ⅱ.①赵… Ⅲ.食品微生物—微生物学—实验—高等学校—教材 Ⅳ.TS201.3-33

中国国家版本馆CIP数据核字(2023)第143488号

食品微生物创新性实验设计与应用

SHIPIN WEISHENGWU CHUANGXINXING SHIYAN SHEJI YU YINGYONG

主　　编：赵　渝
出版发行：上海交通大学出版社
地　　址：上海市番禺路951号
邮政编码：200030
电　　话：021-52717969
印　　制：上海颛辉印刷厂有限公司
经　　销：全国新华书店
开　　本：787mm×1092mm　1/16
印　　张：14.25
字　　数：236 千字
印　　次：2023年9月第1次印刷
版　　次：2023年9月第1版
书　　号：ISBN 978-7-313-29176-9
定　　价：168.00元

前　言

食品微生物学是一门重视实践技能的学科，其中包括微生物的基本操作，这也是生物学研究的基础技能之一。近年来，学生动手能力、知识应用越来越受到重视，单一的技能训练无法在思维方式上训练学生，培养社会需要的创新型人才。一次完整的实验，是实验要素、实验设计、实验过程、总结与展望、报告等多个方面能力的体现。

本书重构食品微生物的基础实验，主要通过活动的形式，使读者能把实验内容横向相互联系，更好地理解实验的目的与意义，为独立设计实验提供训练。本教材不仅有传统食品微生物实验的内容，还有现代的微生物实验方法与手段；不仅有技能性内容，还有开展创新性实验的方法与要求。本书编写过程中重点突出如下特点：

（1）在编写形式上，本教材从总体上分为创新性实验指导、微生物学基本操作和创新性实验设计三大部分，力求便于学生掌握知识和提高自学能力，培养学生独立开展实验的逻辑思考能力。特别在创新性实验设计部分中，教材主要提供了核心技术的实验内容，实验的目的和意义需要参与实验的学生补充完成，以学生的学习习惯与方式入手，充分利用互联网与参考资料，培养学生发现问题、分析问题和解决问题的能力。

（2）在内容组织上，本教材在内容取舍和编排时，突出以培养学生的“基本技术”和“综合能力”为重点，在保留微生物学基本

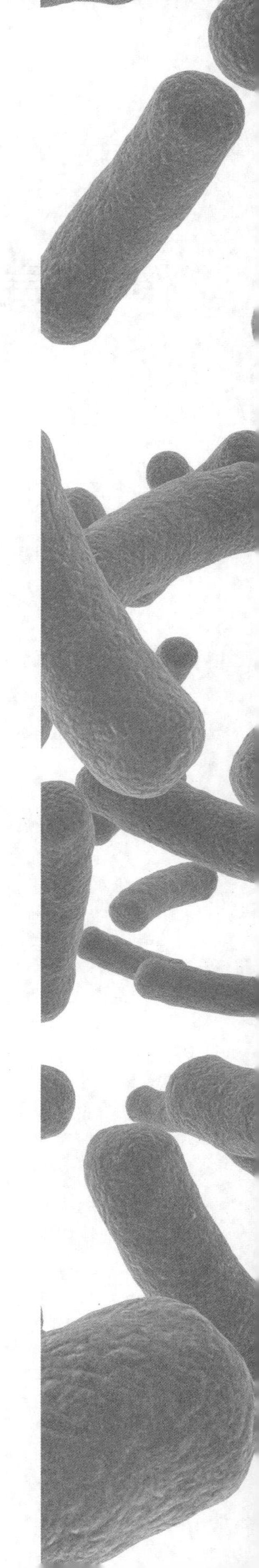

实验技能上，增加了先进的仪器和新一代分子生物学等定性、定量检测技术的实验。在编撰过程中，对国内外常用的实验设计要素进行分析，并提供多个国产生命科学、微生物学分析要素的信息。

（3）在文字表达上，本教材编撰力求语言简练、内容精炼、层次分明、表达严谨、图文并茂。各章节中的概念多参考国家标准与行业标准进行表述，文字表述难以清晰明确的部分，用图片形式加以辅助说明，同时注意总论和各论前后章节相关内容的衔接，尽量避免重复。

本教材编写历经5年时间，其间经历多次修改，倾注了编写团队的智慧和精力，上海师范大学食品科学与工程专业丁然、张之江、王凯菲完成本教材第一稿，上海师范大学微生物学硕士研究生张娜娜、王杰、郑亦周、刘婷婷进行了修订，食品安全与检测专业苟瑞玉、戴海玲同学协助完成本教材第二稿的校对内容。上海市质量监督检验技术研究院高级工程师俞漪为实验提供了资料。上海师范大学微生物学硕士研究生李倩倩、孟冬青参与了全书的统稿和校对工作，特此致谢。上海市教委“上海市地方高校应用型本科试点专业建设项目”为本书的出版提供了资金资助，同时，也要对上海交通大学出版社的大力支持表示谢意。

由于编者水平和时间有限，书中缺点和错误在所难免，请广大读者和同行专家提出宝贵意见。

编　者

2023年5月

目　录

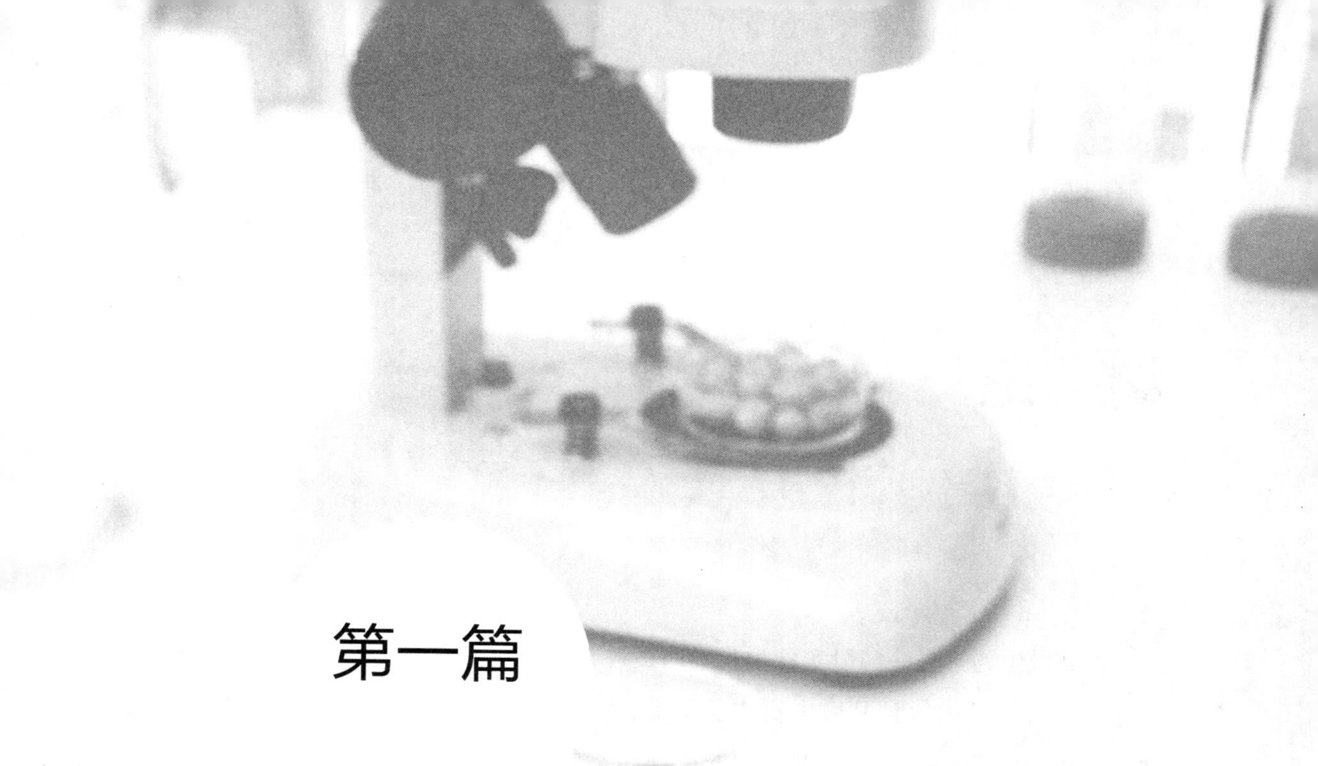

第一篇

创新性实验指导

CHUANGXINXING SHIYAN ZHIDAO

第一章

绪论

食品微生物学是一门以实验为基础的学科，食品微生物实践实验能力是食品专业人才的核心竞争力。食品微生物体积微小、结构特殊、功能各异，学生通过传统的食品微生物实验，可以理解微生物的原理和本质，牢固掌握规范、安全的实验操作技能，培养实事求是和严谨的科学态度。但是，新时代食品微生物学在装备、方法和技术方面有了巨大的变化，尤其是对学生培养的理念也发生了改变，在提高学生科学分析问题、解决问题的能力和创新能力上得到系统的训练和提高，同时可激发和培养学生对化学的兴趣和热爱，这也成为实践、实验课的一个培养目标。

第一节　创新性实验的目的

高等工程教育是我国特色高等教育的一个重要组成部分。我国已建成世界上规模最大的高等工程教育体系。为了适应新形势下快速发展的新经济要求，更好地培养应用型、创新型人才，高等教育尤其是高等工程教育需进行深刻而全面的改革和创新。2016年，新工科概念提出后，教育部高教司反复研讨、调研并论证，在2017 年正式提出“新工科”计划，要求各高校:“一方面主动设置和发展一批新兴工科专业，另一方面推动现有工科专业的改革创新”，以实现新思维、新机制、全面创新工程教育，培养创新人才，支撑和引领新经济。

食品类学科（食品科学与工程、食品质量与安全专业和食品安全与检测专业）是集理论与实践于一体的应用学科，作为多学科交叉、应用型较强的学科，食品类专业成为“新工科”专业建设改革的重要学科。

我国是人口大国，在食品方面也有诸多的世界第一。随着人口膨胀带来的粮食危机、食品安全以及人们对营养健康的追求和食品领域大工业化时代的到来，我国食品工业对科技和人才质量的需求越来越高。食品类学科及专业人才培养在我国高等工程教育中有着悠久的历史，然而，传统的人才培养方法显然已不能满足行业企业对食品专业人才的需求，围绕“新工科”建设要求，确立新食品专业人才培养目标，构建新的课程教学体系，形成“新工科”食品专业人才培养新模式，已迫在眉睫。必须优化学科专业结构，提升教育教学质量，发展学科专业特色，提高师资队伍水平，利用校内外教育资源，创新人才培养模式。应该设立食品类学科的各类学校，坚持继承与创新，突出实践教学的地位，不断创新、完善人才培养体系，鼓励学生思维发散、大胆想象、敢于创新且勇于创新，以培养一批具有全面知识结构体系、工程实践能力、创新创业能力和国际化视野的高素质复合型专业技术人才。

随着科学技术的发展，微生物学出现了一些新的知识点和技术，如基因组学、蛋白质组学、转录组学、代谢组学、糖组学等组学，微生物预测技术，物理杀菌技术，肠道微生物等学科前沿知识。一些新的技术如质谱分析、流式细胞术、CRISPR基因编辑技术等也逐渐进入食品领域。传统的课程结构亟待创新改革，以保持理论课程知识的先进性和前沿性。

食品微生物学课是食品类专业的基础课程，也是食品安全与检测专业的专业必修课，课程讲授了微生物的结构、分类、形态、生长繁殖、遗传变异、代谢及调控等基础理论知识，通过理论学习，学生对食品微生物学的知识框架会有大体的概念和印象，需要通过开展实验课程，自己动手做一做，动脑想一想，才能真正巩固和验证所学的知识点。食品微生物学实验是食品微生物教学中不可缺少的组成部分，是促进学生培养科研素养和创新能力的重要途径和环节。

本教材是食品微生物实验课程配套用书，课程的教学目标一方面要求学生能够了解和掌握微生物对食品生产、运输、存储和流通等环节的影响，能够学习到对有害微生物进行控制、减少食品变质和腐败问题等的原理与方法；另一方面，食品微生物实验技术教学课程知识点比较多，各实验间的关联度不紧密，需要通过实验环节，对微生物、微生物间、微生物与食品间发生的现象与过程进行观察，才能实现知识点的充分认知；生物体—生物体间效应的复杂性，由各知识点对最终结果驱动的相互关系不是孤立的，单一知识点的常规学习不能达到对复杂生物关系认知的目的，还需要学生拥有对知识综合分析的能力。在生产实践中，还要求学生具有发现问题、分析问题与解决问题的能力，这样才能应对复杂的食品微生物与环境间的关系。

目前食品专业的人才培养模式普遍存在“重科学研究轻工程技术、重传统科学轻创新创业、重理论学习轻实践实习”的问题，创新性实验旨在探索并建立以问题和课题为核心的教学模式，通过对现有食品微生物实验的教学方式、内容设置和评价标准进行调整和修改。倡导以学生为主体的创新性实验改革，调动学生的主动性、积极性和创造性，激发学生的创新思维和创新意识，在校园内形成创新教育氛围，建设创新教育文化，全面提升学生的创新实验能力。开创创新性实验在我国现代高等教育理念中已十分明确，高等院校的本科生今后无论是继续深造攻读研究生，还是服务于社会，或者在中小学中任教，都需要创造性的思维和创造性的工作。

第二节　创新性实验的意义

实验是我们对未知领域的探索，实验是检验猜想的最高效、最普遍的方法。食品科学类实验主要涉及的知识点包括生物化学、微生物学、细胞生物学与遗传学，食品科学类的创新性实验重在培养学生的实践动手能力、综合素质和创新意识，培养大学生的创新能力关系到社会的进步和发展,关系到“中国梦”的实现。大学生创新性实验项目选题,要充分考虑能否培养大学生的创新能力,而不能仅仅拘泥于科研项目。培养学生的创新能力，不仅需要学生具有扎实的理论基础、开阔的思路,最重要的一点就是要有善于发现问题的能力。

受限于课时数与实验条件，从教学内容、教学方法、教学手段三个方面来看，现有食品科学类实验局限性较大，教学内容以单一学科为主，缺乏体现跨学科、交叉渗透和观念创新。从教学方法来看，传统实验主要是老师讲，学生听，老师示范，学生模拟的过程，为了让实验课程进一步发展，实现更大的价值，创新性在实验中则是必不可少的要素。但是如何在有限的实验课时间内实现实验的创新性呢？如何让学生时刻保持着对实验的创新意识？课堂方式也有多种选择，每个学生的情况都不同，当一些学生在与老师交流时，可能会浪费另一些学生的时间，这样会使上课效率大大降低。对事物的探索固然重要，但脱离事物本身就不切实际。受新冠肺炎疫情影响，借助信息化手段开展的线上实验教学技术在方式上有了不小的进步，既丰富了教学手段，又加强学生与老师间的交流和学生对实验的探索。一次实验的基本原理与操作方法是对实验进行探索的根本，脱离根本的探索无疑是天马行空。

实现相关学科实验教学内容上的优化重组、渗透融合，逐步向整合化发展；增加设计性实验内容，建设创新性实验环节，完整实验设计、运行、总结步骤，加强对学生自学能力、动手能力、批判思维与创新思维的培养；提高学生跨学科综合运用知识的能力，已经成为我们实践教学的紧迫任务和必然发展趋势。

现有的食品微生物实验教学中以演示型实验和验证型实验为主，应用型实验、综合型实验为辅，研究型实验和创新型实验较少。学生创造性实验设计能力较差，创新性实验项目的根本目的在于提高学生的综合素质,包括创新能力、团队合作能力和组织协调能力等，其中创新能力是核心。正如创新专家郎加明指出，“对于创新来说，方法就是新的世界,最重要的不是知识,而是思路”。

本科教学实验项目类型一般分为3个层次：验证型实验、综合型实验和创新型实验。验证型实验是指以验证、演示和基本操作为目的，其实验内容和方法相对单一，学生根据实验指导书的要求，在教师指导下，按照既定方法、既定的仪器条件完成全部实验过程，以巩固课堂理论教学，培养学生基本实验能力。

综合型实验目的在于通过实验内容、方法、手段的综合，培养学生综合实验能力，体现对学生能力、素质的综合培养，综合型实验主要体现在实验内容、实验方法和实验手段的综合。实验内容的综合指课程内的多个知识点、系列课程多个知识点、相关课程或多门课程的内容，也可为整合多项实验单元的内容，使学生建立知识的关联性和系统性认知。实验方法的综合，主要指的是综合运用2种及2种以上的基本实验方法完成同一个实验，使学生掌握运用多元思维方式、多种实验方法和多种实验原理综合分析问题、解决问题的能力，体现实验方法的多样性，培养学生综合分析问题的素养。

创新型实验的目的在于通过学生对实验的自主设计,体现学生学习主动性，培养学生综合所学的知识、数据、图像处理技能，培养解决问题的能力。创新型实验一般分两个阶段。第一阶段有时候也称为“设计型”实验阶段，学生在教师的指导下,根据预先设定的实验目的和给定的实验条件,自己分析实验要素、设计实验方案、选择实验方法、选用实验器材、拟定实验程序,完成实验报告;设计型实验应吸收本专业的最新发展知识,体现学生的主动设计性。指导教师应拟定设计型实验目的,提供备选实验条件。学生在教师指导下,运用已掌握的知识自主完成实验的全过程。在整个实验过程中,学生处于主动的学习状态。学生完成实验后需对实验结果进行深入分析、探讨。创新性实验第二阶段有时也被称为研究型实验,目的在于通过学生对实验的探索,加强自身的研究型学习,培养创造型思维能力、创新实验能力、科技开发能力和科技研究能力。研究创新型实验是学生在教师指导下,在自己的专业领域或导师选定的研究方向,针对某一个或某些选定研究目标所进行的具有研究、探索性质的实验,是学生早期参加科学研究、教学与科研有机结合的一种重要形式。研究创新型实验选题可从身边的事物出发,从现有知识体系无法解释的现象出发,首先开展文献综述,学生应针对选定课题查阅相关资料10 ~ 15篇,撰写的文献综述包括国内外研究进展、主要研究方法、研究内容,找到研究的空白点,发现主要的问题,确定研究的意义。并根据文献资料确定实验研究的内容,与指导教师共同拟定实验方案,经指导教师共同讨论课题的可行性后开题。学生针对所选定的课题进行研究型和探索型实验所需要大型仪器、分析软件、报告撰写等的训练。开展的实验具备实验内容的自主性、实验结果的未知性、实验方法与手段的探索性等特征。

创新性实验的重要意义:首先,培养了严谨的态度。大学生是人生的一个重要阶段。严谨的态度不仅适用于科研项目,对于未来的工作任务完成也是重要的要素。可靠的实验结果需要每个成员认真对待实验,项目的顺利开展,需要项目组学生不仅能全面理解有关实验的理论知识,而且需要做大量重复性工作,认真对待实验每一个细节,严谨的态度不仅是对实验的负责,更是对自己的负责。其次,创新性实验项目提高了自我学习能力,传统教学方式中,多数学生只是模仿,没有掌握操作流程和要点,也没有养成思考的习惯。例如,食品微生物实验教学中无菌水的制备、无菌玻璃器皿的准备、培养基的制备等,需要多次查阅相关文献、书籍并讨论学习,才能满足实验的要求。最后,创新性实验项目锻炼了团队协作能力,一个完整创新性实验计划项目不是由个别学生就能顺利完成的,在项目申报书中包含了项目主持人以及项目成员,现有的大学教育中,需这样的团队合作项目来培养学生的合作意识。每个成员严谨地完成自己负责的实验工作,才能使实验研究顺利进行。

第三节 创新性实验的特点

新工科计划中的创新性实验，是在新科技革命、新产业革命、新经济背景下的工程教育改革，是为了适应新形势下食品工业的发展要求，培养符合国家战略的食品应用型、创新型人才为目标。这一实验的设计应建立以问题和课题为核心的教学模式，倡导以本科学生为主体的创新性实验改革，调动学生的主动性、积极性和创造性，激发学生的创新思维和创新意识，逐渐掌握思考问题、解决问题的方法，提高其创新实践的能力。

通过开展创新性实验，在掌握教材理论知识的水平上，带动广大的学生在本科阶段得到科学研究与发明创造的训练，改变目前高等教育培养过程中实践教学环节薄弱、动手能力不强的现状，改变灌输式的教学方法，推广研究型学习和个性化培养的教学方式，形成创新教育的氛围，建设创新文化，进一步推动高等教育教学改革，提高教学质量。

一、创新性实验必须有基本理论和基本实验技能的基础

食品微生物属于微生物学的分支学科，知识点与微生物学相关的基础概念较多，涉及微生物的形态、结构、生长、代谢及分子生物学多个方面。食品微生物以此为基础，着重介绍了微生物与食品安全、食品加工、食品保藏等相关的内容，是一门综合性的实践型、应用型课程。

创新性实验不是凭空想象的一个实验，而是在一定的基础上进行一次创新性研究。因此，需要学生在学习微生物学理论知识后，并且在完成微生物学的基础实验，掌握了基本的实验技能以后才能进行。

食品微生物学的创新性实验，需要实验者具有扎实的理论基础，掌握基本的操作技能，如培养基的配置、消毒、灭菌，微生物的接种、培养等技术，了解基本的现象，如糖酵解、蛋白质分解、淀粉分解等，也需要具有分子生物学、免疫学知识以及先进大型仪器的使用、适用经验。随着社会的发展和技术的进步，食品相关企业和机构对于食品专业人才所具备的技能和素质提出了更高的要求，即在具备扎实的知识基础上，具有一定的创新能力和探索精神，将理论知识运用于实际，用以解决生产实践中遇到的问题。这些内容都是以基础理论与基本实验技能为支撑。

二、创新性实验没有现成的具体实验步骤可借鉴

创新性实验是一种创造性活动，不能照搬现成的实验方案，而是应该在充分分析问题后，应用所学过的实验方法，组建一套新的实验方案。这是一种创造性的设计过程。

传统的实验教学大多采用教师主导的模式，即以教师授课为主，学生被动地按照教材上的步骤去完成实验。学生在这种模式下，缺乏主动的思考与探索，往往应付了事。此外，传统实验内容陈旧，与生产实际严重脱节，已无法满足企业多样化的需求。这样的实验教学模式不能有效地调动学生的学习积极性，不能培养学生的创新能力和科研素质，亟须调整。

创新性实验的开展没有具体的步骤，但是创新性实验有如下几个特征：

1. 多学科融合

世界范围内，许多重大理论和工程实践的突破，多是学科交叉、融合的结果。高校作为知识创新的根据地和先行者，多学科融合既是自身的优势，又是新兴学科的增长点、优势学科群的发展点、重大创新的突破点以及创新人才培养的着力点。当前在“新工科”建设的指导思想下，国家推动创新驱动发展，高等教育强调“工程素质培养”，对食品微生物教学与实践内容进行改革，提高学生的基础专业及实践能力，同时注重学生综合能力与素质的培养。

2. 互联网教学

在“互联网+”教育时代，食品微生物学实验有丰富的网络教学资源，其中包括网络平台，国家、省、校各级精品课程，微课，以及慕课（MOOC）等国内外网络课程资源，融合线上、线下资源，能够将部分抽象的实验内容和相关资源以在线课程的形式呈现出来，让学生根据自身需求，学习与食品专业相关的课程和内容，激发其专业学习兴趣。

3. 创新教学模式

采用翻转课堂、倒置式教学、对分课堂或混合式教学等教学形式，实现“以教师为主导，以学生为中心”的教学，充分调动学生学习的主动性，激发学生的求知求真热情。积极开展讨论式、探究式、启发式教学，努力培养学生独立探索问题、解决问题的能力。

翻转课堂、倒置式教学、对分课堂是指重新调整课堂内外的时间，将学习的主体从教师转移到学生。在这种教学模式下，教师不再完全占用课堂的时间来讲授信息，通过布置任务的方式，需要学生在课前通过看视频、讲座、阅读电子书等方式完成自主学习。上课时，老师亲自引导学生做实验，并根据学生的问题进行专门指导，有利于学生对知识的消化吸收。

2018年4月，教育部印发《教育信息化 2.0 行动计划》，在此背景下，基于网络交互平台的课程教学模式成为趋势。第一阶段，将以构建“线上+线下”的混合式教学为主要方式，目前已有慕课、雨课堂、智慧树、超新星等多种形式平台和语言。小规模限制性在线课程（small private online course，SPOC）将优质丰富的慕课资源与传统的课堂教学优势深度融合，形成一种混合式教学模式，国内外已开发出许多网络平台可供教学人员使用。例如，UMU 互动学习平台致力于通过移动互联网技术让教师可以更好地与学员进行教学互动，让学生获得 更好的学习体验和效率；其在课前、课中、课后3个学习过程中通过丰富的手段来提升教育与学习的体验与质量。

混合式教学模式下，存放于各大网络平台的教学资源，需要有合适的软件系统进行编辑，Athorware 软件设计了“导航结构”“认知交互结构”功能模块，综合使用这两个功能可以设计多媒体思维导图，完成课程导学作用。

4. 多元考核方式

科学合理的考评体系不仅能考查学生对理论知识的理解深度和实际操作水平，而且提高学生做好实验的积极性、提升学生独立分析和解决实际问题的能力，是培养学生想象力和创新精神的有效手段。创新性实验过程中，需要以创新意识、实践能力和综合素质作为考核主要指标，不仅重视书面的表达，更注重考查学生在实验方法、方案设计、操作能力及实验过程中的注意事项、现象观察和结果分析等环节上的综合。实行多元化考核，提高学生的积极性和团队协作能力考核可以直观有效地反映学生前阶段学习的质量，是检验教学效果的主要手段，是教学过程中的重要环节，同时也是实验教学课程的延续。

过程化考核是一种有效反映创新性实验的考核方式，这一考核方式的基本出发点是提高学生的学习主动性和积极性，对课程的学习过程有更多的参与性，使得课程的学习更全面、广泛、灵活，从而激发学生的创造性。例如，以综合性实验来训练学生的创造性思维能力，并将实验内容列入考试成绩，确定合理的比例，以准确、科学地考核学生的知识、技术和能力，对其综合素质提高起到导向作用；学生可根据自己的情况，合理安排时间，充分利用开放实验室资源完成实验内容。尤其是通过综合设计性及研究探索性实验的训练，学生主动发现问题、研究问题、解决问题等方面的能力都得到了极大的提高，有效地培养了学生的科学素质，真正将知识、能力、素质融为一体，有利于创新型食品科学与工程、食品质量与安全专业人才的培养。

5. 融入思政内容

民以食为天，食以安为先。随着经济的发展和人民生活水平的不断提高，食品安全问题成为全社会高度关注的问题，食品科学与工程专业着重培养适应现代社会发展需要，德智体美全面发展，富有科学创新精神和国际视野，具有扎实的基础理论和专业基础知识，能够从事食品加工、科研、设计、质量控制、管理和新产品开发等方面工作的复合应用型高级专门人才。

大学阶段是学生心理趋于成熟、发展变化最大的阶段，是人生观、世界观、价值观形成的重要时期。食品专业的教育教学过程中，思政教育是提升学生道德素质的有效途径之一，也是帮助学生树立正确的人生观、世界观、价值观，促进其全面发展的手段。学生通过课程的学习，培养诚信意识和守法意识，以使将来在从事食品相关工作时，自觉地把人民群众的健康安全放到第一位。

食品微生物学与食品微生物学实验是食品安全的重要内容，在课程教学中多处植入思想政治元素，从家国情怀、专业学习态度到情绪管理等，采用一句话、一个图片或者一个政治主题的植入，使课程思政元素的自然融入常态化，课程思政元素和食品微生物实验的内容衔接自然和谐。

具体来讲，食品微生物学实验要求学生做实验要有认真、严谨的态度。科学研究是一项严肃的事情，要求学生养成严格按照操作要求执行的习惯，尤其是微生物学实验中特别注重的洁净环境等要求，以及规范的基础操作、废弃物的处置要求等。

第四节　创新性实验教与学

创新性实验是创造性的实践过程，因此对选题、解题思路、实验方法以及解决问题、分析问题的方法要求有所创新，即使不能全部创新，也要求有部分创新。

目前，可选择的先进教学模式比较多。例如，以探究为基础（research based learning，RBL）的教学，是一种以探究未知问题为基础，设计性综合性实验为载体，构建开放式、学生主动参与的教学模式。以团队为基础的学习(team-based learning，TBL)是一种有助于促进学习者团队协作精神、注重人的创造性、灵活性与实践特点的新型成人教学模式。由教师提前确定教学内容和要点供学生进行课前阅读和准备，课堂教学时间用于个人测试、团队测试和全体应用性练习。 基于案例教学法(case-based learning，CBL) 是由PBL教学法发展而来，通常用于临床案例为基础，设计与之相关的问题，引导并启发学生围绕问题展开讨论的一种小组讨论式教学法。传统授课模式（lecture-based learning，LBL）是以教师授课、学生听课为主的传统教学模式。

在创新性实验的设计过程中，主要有基于问题的学习（problem-based learning，PBL），这是一种以学生为中心的教学法，学生通过问题解决的经验来学习一门学科。学生学习思维策略和领域知识。PBL的目标是帮助学生发展灵活的知识、有效的问题解决技能、自主学习、有效的协作技能和内在动机。PBL是一种主动学习风格的学习方法。

PBL通常由以下7个步骤组成：

步骤1：澄清概念——确定并澄清设想中提出的不熟悉的术语。在课程开始时，应向学生提出问题。

步骤2：定义问题——界定要讨论的问题。问题的定义是这一阶段的主要目标。学习小组应就棘手的事件进行讨论并达成协议，这需要解释。

步骤3：头脑风暴——根据先前的知识收集各方面的资料。这应该会产生一些想法来解决这个问题。每个人都可以自由地、不经立即讨论地表达自己的想法。

步骤4：结构与假设——审查步骤2和步骤3，并将解释安排为暂定解决办法。

步骤5：学习目标——制定学习目标；小组就学习目标达成共识；导师确保学习目标集中、可实现、全面和适当。

步骤6：搜寻资料——自我独立学习，小组成员根据确定的学习目标个别地收集信息。

步骤7：合成——小组成员相互交流在家中收集的信息。成员间讨论了现在是否获得了更熟练、准确、详细的解释和对问题背后所发生的事情的理解。

PBL遵循建构主义的学习视角，因为教师的作用是指导和挑战学习过程，而不是严格提供知识。从这个角度来看，对学习过程和群体动力学的反馈和反思是PBL的重要组成部分。学生被认为是从事社会知识建设的积极推动者。PBL协助基于经验和互动的世界创造意义和建立个人解释的过程。PBL教学模式培养学生多方面的能力，包括：① 学习兴趣，学生学习态度更加积极主动；② 知识获取，学生知识的获取方式、来源更加多样化，接触知识面更全面、系统、深入；③ 思维能力，学生的思维和逻辑知识应用能力得到训练，在分析和解决问题的过程中，为今后从事食品理化检验相关工作做好准备。④ 活动参与，通过课堂讨论和汇报的参与，学生的语言表达和综合思辨能力得到培养。⑤ 学习方式，通过小组式学习，培养团队的协作能力和人际关系处理能力。PBL模式的教学过程不仅培养了专业相关技能，而且培养了学生的个人能力和综合素质（图1-4-1）。

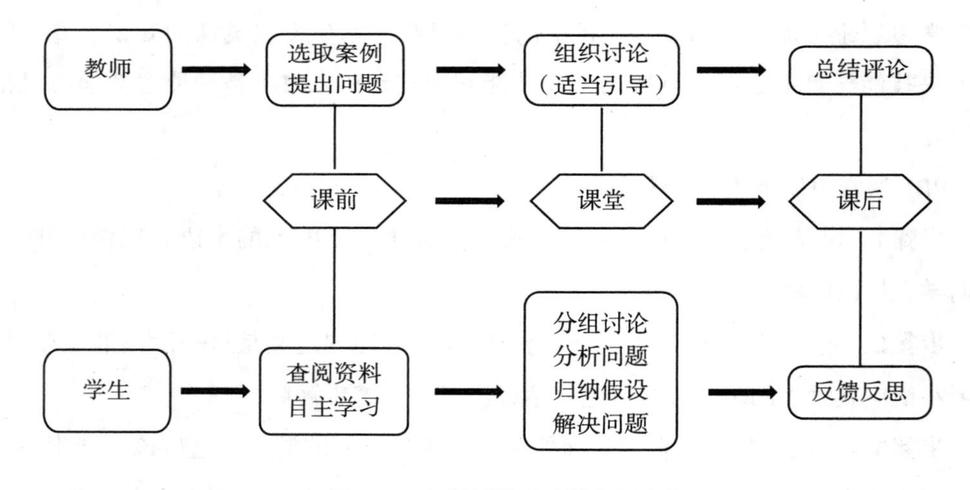

图1-4-1　创新性实验的主要内容

PBL和CBL之间的根本区别在于PBL不需要在主题上有事先的经验或理解，而CBL要求学生具备一定程度的先验知识，然后才能帮助解决问题。因此，CBL比PBL更支持学习者，因为PBL的学生应该找到自己的资源，而CBL通常以背景信息的形式向学生提供减轻其负担的资源。

创新性实验是一个完整的科学研究过程。创新性实验的研究过程中，我们将自行选择研究主题，并根据主题进行分组、讨论、设计实验、提出假设，最终完成实验；在实验完成过程中，教师及时回答学生实验中所提的问题并对实验课程进行实时监测。学生对实验中收集的数据分析总结，展示项目设计和结果，并批判性地评价自己和其他学生的研究项目。

实验前：教师指导学生选择感兴趣的主题，实验室配备齐全样品、特定微生物培养设备和用品(如培养基、稀释管等)；学生阅读文献，完成前期调研，再根据经济性、可行性和经验确定最合适的实验材料。

实验中：教师讲授食品微生物学的基本知识、微生物的实验操作，包括微生物的富集、分离、鉴定等，同时分析往期的优秀实验，展示成果。

实验后：在课程结束前，每个小组需完成1篇与本研究相关的综述，综述内容至少包括所选项目的最新研究进展。综述采用标准的科学论文文体格式。

通过创新性实验，学生获得的结果虽然不一定要求达到发表的水平，但要求学生学会按科学论文格式写作，懂得什么是“摘要”，什么是“引言”，什么是“材料与方法”，以及如何写“结果”，如何对“结果”进行“讨论”等。

第二章

创新性实验的要素

第一节　文献检索

一、信息检索途径

广义的信息检索是指信息的存储与信息的检索，是将科技信息按规定的方式组织和存储起来，并根据信息用户的需要找出有关信息的过程。

根据检索对象，信息检索可分为数据检索和事实检索。数据检索是以数据为检索对象，从已收藏数据库资料中找出特定数据的过程。事实检索是利用百科全书、年鉴、名录、图谱等工具书或数据库检索事实信息。

通过数据检索或事实检索获取某一事数据或事实的具体答案，是一种确定性检索。主要包括以下8种途径：

（1）主题途径：利用书名、刊名、论文名称、专利名称等进行检索。

（2）分类途径：利用分类号进行检索。

（3）代码途径：利用分子式、结构式、化学物质登记号等进行检索。

（4）引文途径：利用国际标准书号（international standard book number，ISBN）、国际标准连续出版物号（international standard serial number，ISSN）、专利号、标准号等进行检索。

（5）题名途径：利用书名、刊名、论文名称、专利名称等进行检索。

（6）责任者途径：利用作者、专利发明人等进行检索。

（7）机构名称途径：利用机构名称进行检索。

（8）编号途径：利用ISBN、ISSN、专利号、标准号等进行检索。

二、文献来源

（一）搜索引擎

搜索引擎(search engine）是为用户提供检索服务的系统，它根据一定的策略，运用特定的计算机程序从互联网上搜集信息，并将组织和处理后的信息显示给用户。常见的搜索引擎包括以下几种：

（1）全文搜索引擎，如百度学术、谷歌等。

（2）目录搜索引擎，如雅虎、搜狐、新浪等。

（3）元搜索引擎，如搜魅。

（4）专业搜索引擎，如Health On the Net Foundation（http://www.hon.ch/）等。

（二）电子图书

电子图书又称电子书（e-book），是指以数字代码方式将图、文、声、像等信息存储在磁、光、电介质上，辅以电子技术手段阅读的图书。常见的有超星电子图书等。

（三）期刊

《信息与文献　期刊描述型元数据元素集》（GB / T 35430—2017）对期刊的定义：一种定期的、出版频率在每年一次以上的连续出版物。通常期刊的内容为各自独立的论文。期刊中有描述型元数据，GB / T 35430—2017中，分别对印本期刊、电子期刊或期刊卷期的元数据集进行了规定，内容包括标识符、名称、卷期标识、责任者、出版、日期、格式、描述、主题、语种、关联、馆藏信息等。

期刊科目分类有社会科学、哲学、经济学、法学、教育学、文学、历史学、自然科学、理学、工学、农学、医学、艺术学等。

2009年，武汉大学科学评价研究中心、武汉大学图书馆和武汉大学信息管理学院对6000多种中国学术期刊进行了分类分级，遴选出权威期刊与核心期刊。所谓权威期刊是指刊载基金论文数量多、被读者利用次数高、广受网络用户点击、二次文献转载篇数多或被国外重要数据库收录多的期刊。它们基本上代表了该学科领域的学术前沿。而核心期刊则指那些发表基金论文数量相对较多、被读者利用次数较高、网络用户点击较多、二次文献转摘篇数较多或被国外重要数据库收录较多的那些期刊。2009年，武汉大学评价的来源期刊共6170种，其中进入核心区的共1324种，约占总数的21%。

2005年，美国物理学家赫希(Hirsch)提出了一种新的评价个人学术成就的计量方法——H指数(H-index)法，是指某位作者发表的文章中有h篇文章每篇被引至少h次，而其他的文章每篇被引都小于或等于h次。该指标不适用于评价那些论文数量少而被引频次高的科学家。布劳恩(Braun)等将H指数用于期刊学术影响力评价中，并做出如下界定：对于一种期刊，如果它发表的全部论文中有H篇文章，每篇被引用数至少为H，同时要满足H这个自然数为最大，那么H即为该期刊的H指数。

（四）中文数据库

数据库是按照数据结构来组织、存储和管理数据的仓库。数据库技术是管理信息系统、办公自动化系统、决策支持系统等各类信息系统的核心部分，是进行科学研究和决策管理的重要技术手段。

按照应用习惯，数据库分为中文数据库与外文数据库；依照文献类型，可以分为电子期刊、电子图书、学位论文、会议论文、法律法规、索引、摘要、目录报纸、工具书、特色数据库等；按照学科又可以区分为文学、艺术、历史、法律、语言、经济、心理学、旅游学、生物、数学、物理、环境科学、材料学、工程技术、综合教育、化学等。

1. 中国知网

中国知网有包括学术期刊、学位论文、会议、报纸、年鉴、专利、标准、成果、图书、学术增刊、法律法规、政府文件、企业标准、科技报告、政府采购等多个子数据库。收录国内8200多种重要期刊，以学术、技术、政策指导、高等科普及教育类为主，同时收录部分基础教育、大众科普、大众文化和文艺作品类刊物，内容覆盖自然科学、工程技术、农业、哲学、医学、人文社会科学等各个领域，全文文献总量2200多万篇。其中综合性数据库为中国期刊全文数据库、中国博士学位论文数据库、中国优秀硕士学位论文全文数据库、中国重要报纸全文数据库和中国重要会议文论全文数据库。每个数据库都提供初级检索、高级检索和专业检索3种检索功能。

2. 中国科学引文数据库

中国科学引文数据库（Chinese science citation database, CSCD）创建于1989年，收录我国数学、物理、化学、天文学、地学、生物学、农林科学、医药卫生、工程技术、环境科学和管理科学等领域出版的中英文科技核心期刊和优秀期刊千余种，目前已积累从1989年到现在的论文记录近600万条，引文记录近9000万条。

中国科学引文数据库内容丰富、结构科学、数据准确。系统除具备一般的检索功能外，还提供新型的索引关系——引文索引，使用该功能，用户可迅速从数百万条引文中查询到某篇科技文献被引用的详细情况，还可以从一篇早期的重要文献或著者姓名入手，检索到一批近期发表的相关文献，对交叉学科和新学科的发展研究具有十分重要的参考价值。中国科学引文数据库还提供了数据链接机制，支持用户获取全文。

3. 中国科技期刊数据库(维普数据库)

中国科技期刊数据库(VIP)，收录中文期刊8000多种，收录期限追溯到1989年。该数据库设置8个专辑（社会科学、经济管理、教育科学、图书情报、自然科学、农业科学、医药卫生、工程技术）和21个专题。收录有中文报纸600种、中文期刊8000多种、外文期刊5000余种;已标引加工的数据总量达20000万篇、3000万页次。

4.《全国报刊索引》数据库

《全国报刊索引》创刊于1955年，已由最初的《全国报刊索引》月刊，发展成集印刷版、电子版以及网站为一体的综合信息服务产品，建成了时间跨度从1833年至今、收录数据量超过4500万条、揭示报刊数量40000余种的特大型文献数据库，年更新数据超过400万条。

目前,《全国报刊索引》编辑部已拥有全文数据库、索引数据库、专题数据库和特色资源数据库4种类型数据库。具体而言，有《全国报刊索引》编辑部重点发展的近代全文数据库——2009年推出的《晚清期刊全文数据库（1833—1911）》和2010年开始陆续推出的《民国时期期刊全文数据库（1911—1949）》；有跨度从1833年至今的索引数据库——《晚清期刊篇名数据库（1833—1911）》《民国时期期刊篇名数据库（1911—1949）》以及2004年开始推出《全国报刊索引——现刊目次库》。该库收录各类报刊近万种，几乎囊括了国内（包括港台地区）所有的中文报刊资源，年更新量高达300余万条。

5. 北大法意网

北大法意网由北京大学实证法务研究所联合北京大学图书馆共同研发和维护的法律数据库网站，旨在提供专业、全面、持续的法律信息服务，目前已经构筑起全球最大的中文法律信息数据库。包括北大法意数据库（该库包括法规库、案例库以及合同库）、北大法意高校频道（该频道包含案例数据库群、法规数据库群、法律知识体系、法学实证研究、司法考试在线、刑事案件智能检索系统、法学辞典、免费电子期刊8个一级分类和30个二级分类的数据资源）。

6. CADAL数字图书馆

大学数字图书馆国际合作计划（CADAL）项目由浙江大学联合国内外高等院校、科研机构共同承担，在过去十多年中，已经聚集了国内外近百家高校（包括我国主要的985、211的学校）图书馆图书字画等数字资源，建成了拥有海量数字资源的高水平学术数字图书馆，并面向参建的高校、科研机构提供资源共享服务。

截至2020年12月31日，CADAL入库总量2829173册（件），在线量为2676795册（件）。主要包括：中文古籍；民国书刊、报纸；中文现代图书；中文报纸；中文学位论文；外文图书；外文技术报告；地方文史资料（包括满铁资料、侨批、地方志、少数民族资料）；图形图像（包括书画、篆刻、动漫、年画、连环画等艺术作品；标本、切片、手稿等研究素材）；声像资料。

7. 国家哲学社会科学学术期刊数据库

国家哲学社会科学学术期刊数据库是由全国哲学社会科学规划领导小组批准建设，中国社会科学院承建的国家级、开放型、公益性的哲学社会科学信息平台，具体责任单位为中国社会科学院图书馆（调查与数据信息中心）。

国家哲学社会科学学术期刊数据库作为国家社会科学基金特别委托项目，于2012年3月正式启动，系统平台于2013年7月16日上线开通。2014年1月13日第二版上线，2014年6月14日再次全面升级，推出第三版。

（五）外文文献数据库

外文文献数据库从所收录文献信息的使用方式的角度分类如下：第一类是收录文献全文的数据库，以 Science Direct 、施普林格（Springer）和 Wiley Online Library为代表。第二类是收录摘要、文献来源和文献引证关系的数据库，以三大索引数据库［科学引文索引（SCI）、工程索引（EI）、科技会议录索引（ISTP）］为代表。第三类是含有少量免费全文，但对于大多数文章只是收录摘要和文献来源信息的数据库，以PubMed为代表。第四类是既包含全文电子期刊库，又包含文摘数据库的数据库，以Ovid数据库为代表。

1. 科学网络数据库

科学网络数据库（web of science database）创建于1997年，是获取全球学术信息的重要数据库，它收录了全球13000多种权威的、高影响力的学术期刊，内容涵盖自然科学、工程技术、生物医学、社会科学、艺术与人文等领域。科学网络数据库收录了论文中所引用的参考文献，通过独特的引文索引，用户可以用一篇文章、一个专利号、一篇会议文献、一本期刊或者一本书作为检索词，检索它们的被引用情况，轻松回溯某一研究文献的起源与历史，或者追踪其最新进展；可以越查越广、越查越新、越查越深。

科学网络数据库比较常用的数据库是Web of Science™核心合集（InCites平台），其他还有中国科学引文数据库、MEDLINE 、国际会议录引文数据库。

1）Web of Science ™核心合集

Web of Science ™核心合集建立在In Cites平台上，科学网络数据库主要包含科学引文索引扩展（science citation index expanded,SCIE）、社会科学引文索引（social sciences citation index，SSCI）和艺术与人文引文索引(arts&humanities citation index ,A&HCI）三大引文数据库。其中SCIE数据库（1945年至今）收录6000多种期刊。SSCI数据库（1956—）收录1 800多种社会科学期刊，同时也收录SCI所收录的期刊中涉及社会科学研究的论文。A&HCI数据库（1975年至今）收录1100多种期刊，内容涉及考古学、建筑、艺术、亚洲研究、古典、舞蹈、历史、语言学、文学等。

基本科学指标(essential science indicators，ESI）数据库是基于科学网络(SCIE/SSCI）数据库的深度分析型研究工具。通过该库，研究人员可以系统地、有针对性地分析国际科技文献，从而了解一些著名的科学家、研究机构（或大学）、国家（或区域）和学术期刊在某一学科领域的发展和影响；同时科研管理人员也可利用该库找到决策分析的基础数据。ESI基于期刊论文发表数量和引文数据，提供22个学科研究领域中的国家、机构和期刊的科研绩效统计和科研实力排名，以及22个学科研究领域的高被引论文、热点论文和新兴研究前沿，数据每2个月更新。

期刊引证报告（journal citation report，JCR）是基于Web of Science™引文数据的期刊评价工具。JCR使用量化的统计信息公证严格的评价全球领先的学术期刊，不仅是查找期刊影响因子的权威工具，也是期刊评价的重要工具之一。通过JCR可查找每种期刊的影响因子、文献总数等数据及其排序情况，包括自然科学和社会科学两个版本。其中，JCR Science涵盖来自83个国家或地区，约2000家出版机构的8，800多种期刊，覆盖179个学科领域。JCR-Social Sciences 涵盖来自52个国家或地区

713家出版机构的3200多种期刊，覆盖58个学科领域。

2）其他数据库

（1）MEDLINE: 收录了1946年至今5600多种期刊的索引与摘要，它是美国国家医学图书馆医疗档案专业版，主题范畴包括医学、护理、牙科、兽医、医疗保健制度、临床前科学及其他方面的医学信息。

（2）国际会议录引文（conference proceedings citation index，CPCI）数据库：研究和分析国际会议、专题讨论会、研讨会、座谈会、研习会和代表会议的会议文集，包括两个子辑：科学技术会议录索引（conference proceedings citation index-science，CPCI-S；1997年至今）和社会与人文科学会议录索引（conference proceedings citation index-social science&humanities，CPCI-SSH；1999年至今）。该库共收录全球学术会议录超过17万种。

（3）新化学反应（current chemical reactions，CCR-EXPANDED；1985年至今），包括化学结构数据。

（4）SciE Citation Index：收录1997年至今拉丁美洲、葡萄牙、西班牙及南非等国在自然科学、社会科学、艺术和人文领域的前沿公开访问期刊中发表的权威学术文献。

2. EBSCO数据库

EBSCO从1986年开始出版电子出版物，共收集了1万余种索引、文摘型期刊（其中6000余种有全文内容），收录范围涵盖自然科学、社会科学、人文和艺术、教育学、医学等各类学科领域。EBSCO学术资源数据库通过EBSCOhost平台一站式统一检索访问，包括学术期刊全文库（academic search premier，ASP）和商业资源精粹全文库（business source premier，BSP）。EBSCO数据库收录摘要期刊21700多种，其中6800多种期刊可提供全文，还收录书籍专著、会议论文、案例分析、国家/产业报告等文献资源。同时提供有10个专题子库，涉及教育、医学、报纸、图情学、环境、历史等。此外，还可检索PsycTEST心理学测试工具数据库。

1）ASP

ASP 收录自1887年至今16600多种刊物的索摘，4600多种全文期刊（其中4000多种为同行评审）及840多种非期刊类全文出版物，如书籍专著及会议论文等。特别的是ASP有近2000种全文期刊同时收录在科学网络数据库。 主题范畴涵盖多元化的学术研究领域，包括物理、化学、航空、天文、工程技术、教育、法律、医学、语言学、农学、人文、信息科技、通信传播、生物科学、公共管理、社会科学、历史学、计算机、军事、文化、健康卫生医疗、宗教与神学、艺术、心理学、哲学、国际关系、各国文学等。

2）BSP

BSP收录了自1886年至今约收录 5100多种期刊索引及摘要，其中逾2200种全文期刊（1120多种期刊为同行评审）及2.9万多种非期刊类全文出版物(如案例分析、专著、国家及产业报告等)。其中包括很多独有的全文期刊，如Harvard Business Review、Administrative Science Quarterly、Academy of Management Journal等。主题范畴涵盖商业相关领域的议题，如金融、银行、国际贸易、商业管理、市场行销、投资报告、房地产、产业报道、经济评论、经济学、企业经营、财务金融、能源管理、信息管理、知识管理、工业工程管理、保险、法律、税收、电信通信等。

3）eBook Collection

eBook Collection收录9097种电子图书、14种电子期刊。这些电子图书覆盖所有主题范畴，大多数电子图书内容新颖，近90%的电子图书是1990年后出版的。依据各本书和期刊不同而不同。

4）教育资源信息中心

教育资源信息中心（educational resource information center，ERIC）包含1194000多条记录和链接，这些链接指向ERIC所收藏的10万多篇全文文档。Library和Information Science & Technology Abstracts(LISTA）对500多种核心期刊、500多种优选期刊和125种精选期刊，以及书籍、调查报告及记录等进行了索引。此数据库还包括240多种期刊的全文。主题涉及图书馆长的职位资格、分类、目录、书目计量、在线信息检索、信息管理等。数据库中的内容可追溯到20世纪60年代。环境保护文献库（GreenFILE）提供人类对环境所产生的各方面影响的深入研究信息。其学术、政府及关系到公众利益的标题包括全球变暖、绿色建筑、污染、可持续农业、再生能源、资源回收等。本数据库提供近384000条记录的索引与摘要，以及4700多条记录的Open Access 全文。

3. Science Direct数据库

Science Direct是全球著名出版公司爱思唯尔（Elsevier）的全文数据库平台，自

1999年开始向用户提供电子出版物全文的在线服务，包括爱思唯尔出版集团所属的2500多种同行评议期刊和4.2万多种系列丛书、手册及参考书等，涉及四大学科领域：物理学与工程、生命科学、健康科学、社会科学与人文科学，数据库收录全文文章总数已超过1300万篇。著名的The Lancet、Cell均为旗下杂志。

ScienceDirect数据库提供简单检索和高级检索两种方式，系统默认各检索字段间为“AND（与）”的关系；系统默认的显示结果数为50个，且按相关度排列，用户也可以自选；在同一检索字段中，可以用布尔逻辑算符AND（与）、OR（或）、NOT（非）来确定检索词之间的关系（布尔逻辑算符要求大写）。

4. Scopus数据库

Scopus是爱思唯尔旗下目前全球规模最大的文摘和引文数据库。Scopus涵盖了由5000多家出版商出版发行的科技、医学和社会科学方面的20000多种期刊，其中同行评审期刊19000多种，另外还有丛书、会议录、专利及网页。相对于其他单一的文摘索引数据库而言，Scopus的内容更加全面，学科更加广泛，特别是在获取欧洲及亚太地区的文献方面，用户可检索出更多的文献数量。通过Scopus，用户可以检索到最早1823年以来的近5000万条文献信息，其中1996年以来的文献有引用信息。数据每日更新月5500条。

5. 施普林格

德国施普林格是世界上著名的科技出版集团，2006年开始威科(Kluwer）出版集团并入施普林格，通过Springer Link平台提供原施普林格和威科数据库中的全部电子文献。收录的期刊涉及自然科学和社会科学各领域近1300种期刊全文，2021年以来，已经收录文献超过760万篇。

6. Wiley Online Library

威立（Wiley）出版集团是世界著名的学术出版公司，通过Wiley Online Library平台提供超过1600种同行评审的学术期刊，超过2.2万本电子书，涵盖科学、技术、医学、社会科学及人文科学等各领域，包括化学、物理、工程、农业、兽医学、食品科学、医学、护理、口腔、生命科学、心理、商业、经济、社会科学、艺术、人类学等多个学科，为学者和研究人员提供了一个服务的新一代科研平台。在科学、技术、医学及商业等专业领域为用户提供了大量的权威内容。

7. PubMed

PubMed是一个免费的搜寻引擎，支持生物医学和生命科学文献的搜索和检索，系统是由美国国家医学图书馆的国家生物技术信息中心开发研制的一个医学文献网络数据库。PubMed 数据库包含超过 3200 万条生物医学文献的引文和摘要。 不包括全文期刊文章；部分文献还可免费获取原文。该库以MEDLINE数据库内容为基础，1997年6月开始免费向全球因特网用户提供服务.

PubMed内容包括MEDLINE、PubMed Central（PMC）、Bookshelf三个部分。MEDLINE 是 PubMed 的最大组成部分，主要包括来自为 MEDLINE 选择的期刊的引文；以医学主题词表（MeSH）为索引并以资助来源、遗传、化学和其他元数据进行管理的文章。PubMed Central（PMC）文章的引用构成 PubMed 的第二大组成部分。PMC 是一个全文档案，其中包括 NLM 审查和选择的期刊中的文章进行存档（当前和历史），以及根据资助者政策收集的用于存档的个别文章。Bookshelf 是与生物医学、健康和生命科学相关的书籍、报告、数据库和其他文档的全文存档。

8. Ovid

Ovid Technologies公司是世界著名的数据库提供商，使用Ovid为用户提供医学、护理和科学领域核心期刊内容和电子书。Ovid将资源集中在单一平台上，并透过资源间的链接为用户提供一个功能强大检索平台。平台采用图形用户界面，操作方便，具有功能强大的检索结果处理系统，检索结果输出有多种文件格式和排序方式；提供初级、高级检索等多种检索模式；可进行多库检索，并且自动删除重复的数据；数据库更新后，可自动将更新数据送到用户的电子信箱。

Ovid全文期刊库提供60多个出版商出版的科学、技术及医学期刊1 000多种，其中包括欧美医学书目（*Lippincott Williams & Wilkins*）。

EBM Reviews循证医学综述文献数据库由医药界人士及医学相关研究人员研发的一套数据库，收录了临床循证的基础资料。循证医学文献作为临床决策、研究的基础，供临床医生、研究者使用，可节省阅读大量医学文献报告的时间。除总库All EBM Reviews外，可分别检索7个子数据库和1个全文库 。

美国生物科学数据库（BIOSIS Preview）是生命科学领域最重要的文摘数据库之一，完整收录生物学和生物化学领域的研究文献，包括植物学、动物学、微生物学等传统生物学范畴，也包括实验、临床和兽医、生物技术、环境研究、农业等研究领域，并涉及生物化学、生物物理学、生物工程等交叉学科。文献来自6500多种期刊的研究论文、会议论文、综述、技术信件和注释、会议报告、软件和图书等。

EMBASE Drugs & Pharmacology（*EMDP*）是荷兰《医学文摘》的一个药物学分册。其中收录了1980年以来世界范围内的3500多种药物与药理学期刊，内容涉及药物及潜在药物的作用和用途以及药理学、药物动力学和药效学的临床和实验研究，如副作用和不良反应等。

药物信息全文（drug information full text, DIFT）数据库数据来自约11万种目前在美国市场上通行的药物的信息；收录有目前美国所有可用的分子药物的信息；是全球收录循证信息最多的药学数据库。该数据库完全辟除药物生产商、保险公司、管理者以及其他商业影响，为读者提供客观公正，经过严格测试和证实的药物信息。该数据库是目前最获普遍承认的顶尖药物参考资源。有全球顶尖药剂师撰写的信息并通过逾500位药学界专家的评审，所收录的信息为药学研究人员提供不可或缺的珍贵学术资源。

（六）标准

标准是为了在一定范围内获得最佳水平的管理，对科学、技术和经济领域内具有重复应用特征的事物所作的统一的规定。标准包括国际标准、国家标准、地方标准与行业标准4种标准。

1. 概念

1）标准的定义

《标准化工作指南　第1部分：标准化和相关活动的通用术语》（GB/T 20000.1—2014）中将标准定义为：通过标准化活动，按照规定的程序经协商一致制定，为各种活动或其结果提供规则、指南或特性，供共同使用和重复使用的文件。其中，标准宜以科学、技术和经验的综合成果为基础；规定的程序指制定标准的机构颁布的标准制定程序；诸如国际标准、区域标准、国家标准等，由于它们可以公开获得以及必要时通过修正或修订保持与最新技术水平同步，因此它们被视为构成了公认的技术规则，其他层次上通过的标准，诸如专业协（学）会标准、企业标准等，在地域上可影响几个国家。

2）标准化的定义

《标准化工作指南 第1部分：标准化和相关活动的通用词汇》（GB/T20000.1—

2014）对标准化的定义：为了在既定范围内获得最佳秩序，促进共同效益，对现实问题或潜在问题确立共同使用和重复使用的条款以及编制、发布和应用文件的活动。标准化活动确立的条款，可形成标准化文件，包括标准和其他标准化文件。标准化的主要效益在于为了产品，过程或服务的预期目的改进它们的适用性，促进贸易、交流以及技术合作。

标准化的定义有以下几个方面的内涵：

1）标准化不是孤立的事物，而是一项有组织的活动过程。这个活动反复循环，螺旋式上升，每完成一次循环，标准化水平就提高一步。标准化作为一门学科就是标准化学，它主要研究标准化活动过程中的原理、规律和方法。标准化作为一项工作，就是制定标准、组织实施标准和对标准的实施进行监督和检查。

2）标准是标准化活动的成果，标准化的效能和目的都要通过制定和实施标准来体现。

3）标准化的效果，只有当标准在实践中付诸实施后才能表现出来，绝不是制定一个或一组标准就可以了事的，有再多、再好、水平再高的标准或标准体系，如果没有共同与重复运用，就不会产生效果。因此，标准化的全部活动中，实施标准是个十分重要不可忽视的环节，这一环节中断，标准化循环发展过程也就中止。

4）标准化的对象和领域，是随着时间的推移不断地扩展和深化的。如过去只制定产品标准、技术标准，现在又要制定管理标准、工作标准等。

5）标准化的目的和重要意义就在于改进活动过程和产品的适用性，提高活动质量、过程质量和产品质量，同时达到便于交流和协作，消除经济贸易壁垒。

标准化所涉及的地理、政治或经济区域的范围可以是全球或某个区域或某个国家层次上进行，在某个国家和国家的某个地域内，标准化也可以在一个行业或部门、地方层次上、行业协会或企业层次上，以至在车间或业务室内进行。企业标准化是发生在企业一级的标准化，它是企业科学管理的重要基础，也是国际、区域、国家、行业和地方标准化的落脚点。

标准化系统就是为开展标准化所需的课题、过程、组织、人、标准、法规制度及资源构成的有机整体。

2. 我国标准的性质与分级

1）标准的性质

我国根据标准实施强度程度的不同，通过立法将标准分为强制性标准和推荐性标准随着市场经济的不断发展，国家又将强制性标准分为条文强制和全文强制两种形式，增加了指导性技术文件

（1）强制性标准：具有法律属性，在一定范围内通过法律、法规等强制性手段加以实施的标准为使我国强制性标准与WT0/TBT规定衔接，我国重新规定强制性标准的范围严格限制在：国家安全、防治欺诈行为、保护人体健康与安全、保护动植物生命和健康以及保护环境等五方面。强制性标准或强制性条文的内容限制在下列范围：① 有关国家安全的技术要求称为标准化，包括制定、发布及实施标准的过程。标准化的重要意义是改进产品、过程和服务的适用性，防止贸易壁垒，促进技术合作。② 保护人体健康和人身财产安全的要求。③ 产品及产品生产、储运和使用中的安全、卫生、环境保护等技术要求。④ 工程建设的质量、安全、卫生、环境保护及国家需要控制的工程建设的其他要求。⑤ 污染物排放限值和环境质量要求。⑥ 保护动植物生命安全和健康的要求。⑦ 防止欺骗、保护消费者利益的要求。⑧ 国家需要控制的重要产品的技术要求。

（2）推荐性标准：是指生产、交换、使用等方面，通过经济手段调节而自愿采用的一类标准。在我国，推荐性标准不具有法律约束力。但推荐性标准被强制性标准引用，或纳入指令性文件便具有了约束力。企业明示执行的推荐性标准，在企业内部具有强制性和约束力，并应承担相应的质量责任。

（3）指导性技术文件：是为仍处于技术发展过程中（如变化快的技术领域）的标准化工作提供指南或信息，供科研、设计、生产、使用和管理等有关人员参考使用而制定的标准文件，指导性技术文件不宜由标准引用使其具有强制性或行政约束力。指导性技术文件发布后3年内必须复审，以决定是否继续有效、转化为国家标准或撤销。

2）标准的分级

根据《中华人民共和国标准化法》的规定，我国的标准包括国家标准、行业标准、地方标准和团体标准、企业标准。国家标准分为强制性标准、推荐性标准，行业标准、地方标准是推荐性标准。强制性标准必须执行。国家鼓励采用推荐性标准。

国家标准由国家标准机构通过并公开发布的标准。《中华人民共和国标准化法》规定，国务院标准化行政部门负责强制性国家标准的立项、编号和对外通报组织制

定的标准。社会团体、企业事业组织以及公民可以向国务院标准化行政主管部门提出强制性国家标准的立项建议；国务院标准化行政主管部门应当对拟制定的强制性国家标准是否符合前款规定进行立项审查。推荐性国家标准由国务院标准化行政主管部门制定。

（1）国家标准代号由大写汉语拼音构成，强制性国家标准代号为“GB”，推荐性国家标准代号为GB/T。标准组织代号+强制/推荐+序号+部分+年代，如GB/T 5009.1—2003《食品卫生检验方法 理化部分 总则》、GB 5009.2—2016《食品安全国家标准 食品相对密度的测定》。

（2）行业标准：由行业机构通过并公开发布的标准，没有国家标准而又需要在全国某个行业范围内统一的技术要求，可制定行业标准。行业标准由国务院有关行政主管部门制定，报国务院标准化行政主管部门备案。在相应的国家标准发布实施后，该项行业标准即行废止。行业标准是推荐性标准。目前，全国有安全生产、船舶、包装等60多个行业，行业标准代号，如农业代号“NY”、船舶代号“CB”、包装代号“BB”等，如NY/T 453—2020《红江橙》。

（3）地方标准：是指在国家的某个地区通过并公开发布的标准。为满足地方自然条件、风俗习惯等特殊技术要求，可以制定地方标准。地方标准由省、自治区、直辖市人民政府标准化行政主管部门制定；设区的市级人民政府标准化行政主管部门根据本行政区域的特殊需要，经所在地省、自治区、直辖市人民政府标准化行政主管部门批准，可以制定本行政区域的地方标准。地方标准由省、自治区、直辖市人民政府标准化行政主管部门报国务院标准化行政主管部门备案，由国务院标准化行政主管部门通报国务院有关行政主管部门。地方标准的技术要求不得低于强制性国家标准的相关技术要求，如DB36/T 1277—2020《庐陵鼎罐饭烹饪技艺规范》。

（4）团体标准：由团体按照团体确立的标准制定程序自主制定发布，由社会自愿采用的标准。团体是指具有法人资格，且具备相应专业技术能力、标准化工作能力和组织管理能力的学会、协会、商会、联合会和产业技术联盟等社会团体，国家鼓励学会、协会、商会、联合会、产业技术联盟等社会团体协调相关市场主体共同制定满足市场和创新需要的团体标准，由本团体成员约定采用或者按照本团体的规定供社会自愿采用。从目前部分协会公布的团体标准管理办法来看，大部分是这样明确的，如中国调味品协会（中调协）公布的《中国调味品协会团体标准管理办法

（试行）》第十四条明确："中调协团体标准为自愿性标准，协会会员单位及其他有关单位可自愿采用。"也有少部分协会制定的团体标准不允许随便采用。如中国物流与采购联合会发布的《中国物流与采购联合会团体标准管理办法》第二十五条明确："任何组织、个人在使用联合会团体标准时应取得联合会的同意；联合会各部门、分支机构依据联合会团体标准开展的认证、检测等活动须通过联合会批准授权。"

制定团体标准，应当遵循开放、透明、公平的原则，保证各参与主体获取相关信息，反映各参与主体的共同需求，并应当组织对标准相关事项进行调查分析、实验、论证。国务院标准化行政主管部门会同国务院有关行政主管部门对团体标准的制定进行规范、引导和监督。

团体标准代号由团体标准代号、团体代号、团体标准顺序号和年代号组成。其中，团体标准代号是固定的，为"T/"；团体代号由各团体自主拟定，宜全部使用大写拉丁字母或大写拉丁字母与阿拉伯数字的组合，不宜以阿拉伯数字结尾，如T/XJBZFX 003—2021《富硒蜂蜜制品》。

（5）企业标准：由企业通过，供该企业使用的标准。企业可以根据需要自行制定企业标准，或者与其他企业联合制定企业标准。国家支持在重要行业、战略性新兴产业、关键共性技术等领域利用自主创新技术制定团体标准、企业标准。企业标准的技术要求不得低于强制性国家标准的相关技术要求。企业标准的代号由企业标准代号"Q/"和企业代号"×××"两部分组成，企业代号"×××"可用汉语拼音字母或阿拉伯数字或两者兼用组成。企业代号按企业隶属分别由上级行政主管部门会同同级标准化行政主管部门规定。通常的企业标准的代号形式是"Q/xxx"，如Q/HAY 0001 S—2021《葡萄糖风味饮料》。

有些企业按照GB/T 15496—15498的规定，将其企业标准分为技术标准、管理标准、工作标准，并在其企业标准代号后面又加标准类别代号，其中技术标准加"/J"，管理标准加"/G"，工作标准加"/Z"。还有的企业又在顺序号前增加标准分类代号或标准应用代号（如型号）。在标准发布年代号上，各企业也是有着各自的规定，有的用四位数字，有的在某个年份前用两位数字表示，在某个年份（如2000年）后用四位数字表示。

第二节　图片制作

图片是实验报告论文中的一个重要组成部分，通过图片、表格等方式可使实验结果突出、清晰，便于相互比较，尤其适合于分组较多，且各组观察指标一致的实验，使组间异同一目了然；而曲线图可使实验指标的变化趋势形象生动、直观明了。在实验报告中，可任选一种或几种图片与文字叙述并用，以获得最佳效果。现在一般用功能强大的专业绘图软件来制作不同类型的图片，如Origin、Chemical Draw等。当前流行的图形可视化和数据分析软件有Matlab、Mathmatica和Maple等。这些软件功能强大，可满足科技工作中的许多需要，但使用这些软件需要一定的计算机编程知识和矩阵知识，并熟悉其中大量的函数和命令。

一、Origin

1.基本简介

Origin Lab是一家位于美国马萨诸塞州北安普顿的软件公司，主要发布图形和数据分析软件，简单易学、操作灵活、功能强大的软件，既可以满足一般用户的制图需要，也可以满足高级用户数据分析、函数拟合的需要。目前最新版本已经更新至Origin Pro 2021B。

Origin操作简单，只需点击鼠标，选择菜单命令就可以完成大部分工作，获得满意的结果。Origin是个多文档界面应用程序。它将所有工作都保存在Project(*.OPJ)文件中。该文件可以包含多个子窗口，如Worksheet、Graph、Matrix、Excel等。各子窗口之间是相互关联的，可以实现数据的即时更新。子窗口可以随Project文件一起存盘，也可以单独存盘，以便其他程序调用。

2.软件功能

Origin具有两大主要功能：数据分析和绘图。

Origin的数据分析主要包括统计、信号处理、图像处理、峰值分析和曲线拟合等各种完善的数学分析功能。准备好数据后，进行数据分析时，只需选择所要分析的数据，然后再选择相应的菜单命令即可。

Origin的绘图是基于模板的，Origin本身提供了几十种二维和三维绘图模板而且允许用户自己定制模板。绘图时，只要选择所需要的模板就行。用户可以自定义数学函数、图形样式和绘图模板；可以和各种数据库软件、办公软件、图像处理软件等方便地连接。

Origin可以导入包括ASCII、Excel、PClamp在内的多种数据。另外，它可以把Origin图形输出到多种格式的图像文件，譬如JPEG、GIF、EPS、TIFF等。

Origin里面也支持编程，以方便拓展Origin的功能和执行批处理任务。Origin里面有两种编程语言——LabTalk和Origin C。

在Origin的原有基础上，用户可以通过编写X-Function来建立自己需要的特殊工具。X-Function可以调用Origin C和NAG函数，而且可以很容易地生成交互界面。用户可以定制自己的菜单和命令按钮，把X-Function放到菜单和工具栏上，以后就可以非常方便地使用自己的定制工具。

二、ChemDraw

结构编辑器是科技论文撰写绘制结构式和反应式的必备工具，目前常用的是Chem Office中的Chem draw。最近，国产化的软件KingDraw、InDraw和IpmDraw，总体功能上，几个化学绘图软件的差别不大。

1. 基本简介

ChemDraw®是PerkinElmer Informatic的一款软件产品。由于它内嵌了许多国际权威期刊的文件格式，近几年来成了化学界出版物、稿件、报告、CAI软件等领域绘制结构图的标准，在制药和生物技术、特种化学品和农用化学品、能源和石化、香精香料、食品和饮料以及电子等行业得到广泛应用。

Chemical Draw（ChemDraw）是一款专业的化学结构绘制工具，它是为辅助专业学科工作者及相关科技人员的交流活动和研究开发工作而设计的。它给出了直观的图形界面，开创了大量的变化功能，只要稍加实践，便会很容易地绘制出高质量的化学结构图形。

2. 软件功能

ChemDraw可准确处理和描绘有机材料、有机金属、聚合材料和生物聚合物（包括氨基酸、肽、DNA及RNA序列等），以及处理立体化学等高级形式。ChemDraw

能够预先识别可能具有所需属性的化合物，再进行实际合成，从而达到节省时间和降低成本的目的。

ChemDraw可以预测化合物属性、光谱数据、IUPAC命名以及计算反应计量，节省研究时间的同时提高数据准确性。ChemDraw可以处理子结构查询类型（例如，可变附着点、R基团、环/链大小、原子/键/环类型和通用原子）。

Chem Draw可以建立和编辑与化学有关的一切图形。例如，建立和编辑各类化学式、方程式、结构式、立体图形、对称图形、轨道等，并能对图形进行翻转、旋转、缩放、存储、复制、粘贴等多种操作。基于国际互联网技术开发的智能型数据管理系统，包含的多种化学通用数据库共40多万个化合物的性质、结构、反应式、文献等检索条目的分析和利用，可为化学家的目标化合物设计、反应路线选择和物化性质预测以及文献的调用提供极大的方便。

除了以上所述的一般功能外，其Ultra版本还可以预测分子的常见物理化学性质，如熔点、生成热等；对结构按IUPAC原则命名；预测质子及碳13化学位移动等。

三、GraphPad Prism

GraphPad Prism 是一款集数据分析和科技作图于一体的数据处理软件。它可以直接输入原始数据，自动进行基本的生物统计，同时产生高质量的科学图标。它有以下特点：① 简洁方便：不需要输入程序语言，统计结果和图标自动生成且与word相衔接自动更新。② 绘图漂亮：背景、棱柱、标题、轴线等任意颜色、形状个性选择。③ 图标可以任意排版，对比清晰；内容可直接复制导出。④ 软件汇集了十几种统计模型，曲线拟合功能很实用。

2020年10月30日，Graph Pad Prism 9正式上线，新添加的功能包括主成分分析（PCA）、主成分回归（PCR）、从多元变量数据绘制气泡图、从t检验生成评估图。Graphpad Prism保留了原有的柱状散点共存图、单因素ANOVA分析、双因素ANOVA分析、配对ANOVA分析、小提琴图、误差连线并填充颜色图、散点柱状图、子列图、XY双误差线图、Cleveland图等功能。

第三节　统计分析

一、基本简介

统计是指收集、处理和解释数据的方法。统计方法是科学探索的固有内容。在开始研究之前，在初步的研究设计中就应该考虑统计。研究有个正确的开始非常重要，首先，研究者要考虑需要收集哪些信息来检验假设或解答研究问题。其次，要考虑要采用何种统计检验才能从数据中提炼出有意义的结论。这取决于数据类型是定性数据还是定量数据，如果是定量数据，是连续数据（测量所得）还是离散数据（计数所得）。最后，需要知道如何解读统计检验的结果。这是统计检验的关键：确定结果到底意味着什么，能下什么结论？统计能告诉我们某一数据集的集中趋势（如平均值和中位数）和离散趋势（标准差、标准误和百分位间距），从而明确该数据集的分布情况。

在食品检测当中，不同类型的食品也有着各自不同的特点，通过对其内在特点和规律的分析，能够建立起适宜的数学模型，从而对其质量进行检测和控制，提高检测效率。

在食品生产行业中，无论是原料、配方、工序，还是人工智能等，都会对食品的质量产生影响。在食品分析与检测中，只有对各种不同的影响因素全面考虑，才能够更好地保障食品的质量。

食品分析的国家标准中，常用的统计学概念有准确度、精密度、检测限、相关系数、回归曲线等。在食品分析和检测中可以采用数理统计学中的控制图法进行分析，通过中心线和上下控制界限来对食品生产质量进行控制，同时以时间为标准进行抽样取点，通过控制图中各种数值的检测来实时对产品质量进行监控。在食品抽检时，还可以利用控制图对食品质量的稳定性进行分析，如果样点处于控制界限的范围内，则表明食品质量较为稳定，反之则表明食品质量不稳定，需要及时进行调控。通过这种方式，对食品质量进行严格把控，从而尽量避免和减少不合格产品的出现。

正交试验法是食品分析与检测常用的一种分析方法，能够对食品生产工艺进行有效确定，从误差、方法的特性等方面对食品质量进行控制。为了保证试验的准确性，一般情况下会进行2~3次的重复试验，最后将试验结果进行统计和分析，从而找到合适的调整方案。

二、内容与应用

1.标准曲线

标准曲线是指通过测定一系列已知组分的标准物质的某理化性质，从而得到该性质的数值所组成的曲线。标准曲线是标准物质的物理/化学属性与仪器响应之间的函数关系。建立标准曲线的目的是推导待测物质的理化属性。在分析化学实验中，常用标准曲线法进行定量分析，通常情况下的标准工作曲线是一条直线。它是以标准溶液及介质组成的标准系列，标绘出来的曲线。

样品中的浓度是未知的，所以我们可以用有限的标准的响应来推算一定范围内的响应值对应的浓度，这就是标准曲线的作用。通过标准曲线，还可减少单个标准可能出现的误差

标准曲线的横坐标（X）表示可以精确测量的变量（如标准溶液的浓度），称为普通变量，纵坐标（Y）表示仪器的响应值（也称测量值，如吸光度、电极电位等），称为随机变量。当X取值为X_1，X_2，…… X_n时，仪器测得的Y值分别为Y_1，Y_2，…… Y_n。将这些测量点X_i，Y_i描绘在坐标系中，用直尺绘出一条表示X与Y之间的直线线性关系，这就是常用的标准曲线法。用作绘制标准曲线的标准物质，它的含量范围应包括试样中被测物质的含量，标准曲线不能任意延长。用作绘制标准曲线的绘图纸的横坐标和纵坐标的标度以及实验点的大小均不能太大或太小，应能近似地反映测量的精度。

一般常用分光光度计法制作标准曲线，基本操作步骤为：

（1）配制相应的标准系列。

（2）以空白为参比（或水）测得系列吸光度。

（3）以标准溶液的吸光度为纵坐标，对应的标准溶液的含量为横坐标，找出相对的点。

（4）把点用一条直线连接起来；尽量将点都落在线上。

（5）由此根据测得的样品的吸光度查找相对的含量。

2.误差分析

误差分析指对误差在完成系统功能时，对所要求的目标的偏离产生的原因、后果及发生在系统的哪一个阶段进行分析，把误差减少到最低限度。

物理化学以测量物理量为基本内容，并对所测得数据加以合理的处理，得出某些重要的规律，从而研究体系的物理化学性质与化学反应间的关系。

然而，在物理量的实际测量中，无论是直接测量的量，还是间接测量的量（由直接测量的量通过公式计算而得出的量），由于测量仪器、方法以及外界条件的影响等因素的限制，使得测量值与真实值（或实验平均值）之间存在着一个差值，这称之为测量误差。

研究误差的目的：在一定的条件下得到更接近于真实值的最佳测量结果；确定结果的不确定程度；据预先所需结果，选择合理的实验仪器、实验条件和方法，以降低成本和缩短实验时间。因此我们除了认真仔细地做实验外，还要有正确表达实验结果的能力，这二者是同等重要的。仅报告结果，而不同时指出结果的不确定程度的实验是无价值的，所以我们要有正确的误差概念。

在实验中，一般会用到的误差表示方法有相对误差和标准偏差。

相对误差指的是测量所造成的绝对误差与被测量〔约定〕真值之比乘以100%所得的数值，以百分数表示。一般来说，相对误差更能反映测量的可信程度。一般来说，相对误差更能反映测量的可信程度。

公式为：

相对误差=［（测量值—真实值）/真实值］×100%

标准偏差也被称为标准差，标准差描述各数据偏离平均数的距离（离均差）的平均数，它是离差平方和平均后的方根，用 σ 表示。标准差是方差的算术平方根。标准差能反映一个数据集的离散程度，标准偏差越小，这些值偏离平均值就越少，反之亦然。标准偏差的大小可通过标准偏差与平均值的倍率关系来衡量。平均数相同的两个数据集，标准差未必相同。

标准偏差包括总体标准偏差和样本标准偏差。

总体标准偏差：针对总体数据的偏差，所以要平均。

样本标准偏差，也称实验标准偏差：针对从总体抽样，利用样本来计算总体偏差，为了使算出的值与总体水平更接近，就必须将算出的标准偏差的值适度放大，即1/（N-1）。在实验中，我们一般用到的是样本标准偏差（S）。

公式：

$$S=\sqrt{\frac{1}{N-1}\sum_{i=1}^{N}(X_i-\bar{X})^2}$$

式中：X代表所采用的样本X_1，X_2，…，X_n的均值。

三、相关软件

1、SPSS

1）基本简介

SPSS最初软件全称为社会科学统计软件包（solutions statistical package for the social sciences），但是随着SPSS产品服务领域的扩大和服务深度的增加，SPSS公司已于2000年正式将英文全称更改为统计产品与服务解决方案，这标志着SPSS的战略方向正在做出重大调整。2009年，被IBM收购。当前版本的品牌名称为：IBM SPSS Statistics。

1984年SPSS总部首先推出了世界上第一个统计分析软件微机版本SPSS/PC+，开创了SPSS微机系列产品的开发方向，极大地扩充了它的应用范围，并使其能很快地应用于自然科学、技术科学、社会科学的各个领域。世界上许多有影响的报刊纷纷就SPSS的自动统计绘图、数据的深入分析、使用方便、功能齐全等方面给予了高度的评价。

2）软件功能

SPSS是世界上最早采用图形菜单驱动界面的统计软件，它最突出的特点就是操作界面极为友好，输出结果美观漂亮。它将几乎所有的功能都以统一、规范的界面展现出来，使用Windows的窗口方式展示各种管理和分析数据方法的功能，对话框展示出各种功能选择项。用户只要掌握一定的Windows操作技能，精通统计分析原理，就可以使用该软件为特定的科研工作服务。SPSS采用类似Excel表格的方式输入与管理数据，数据接口较为通用，能方便地从其他数据库中读入数据。其统计过程包括了常用的、较为成熟的统计过程，完全可以满足非统计专业人士的工作需要。输出结果十分美观，存储时则是专用的SPO格式，可以转存为HTML格式和文本格式。对于熟悉老版本编程运行方式的用户，SPSS还特别设计了语法生成窗口，用户只需在菜单中选好各个选项，然后按“粘贴”按钮就可以自动生成标准的SPSS程序。极大地方便了中、高级用户。

SPSS for Windows是一个组合式软件包，它集数据录入、整理、分析功能于一身。用户可以根据实际需要和计算机的功能选择模块，以降低对系统硬盘容量的要求，有利于该软件的推广应用。SPSS的基本功能包括数据管理、统计分析、图表分析、输出管理等。SPSS统计分析过程包括描述性统计、均值比较、一般线性模型、相关分析、回归分析、对数线性模型、聚类分析、数据简化、生存分析、时间序列分析、多重响应等几大类，每类中又分好几个统计过程，比如回归分析中又分线性回归分析、曲线估计、Logistic回归、Probit回归、加权估计、两阶段最小二乘法、非线性回归等多个统计过程，而且每个过程中又允许用户选择不同的方法及参数。SPSS也有专门的绘图系统，可以根据数据绘制各种图形。

SPSS for Windows的分析结果清晰、直观、易学易用，而且可以直接读取EXCEL及DBF数据文件，现已推广应用到不同操作系统的计算机上，它和SAS、BMDP并称为国际上最有影响的三大统计软件。在国际学术界有条不成文的规定，即在国际学术交流中，凡是用SPSS软件完成的计算和统计分析，可以不必说明算法，由此可见其影响之大和信誉之高。最新的21.0版采用分布式分析系统（distributed analysis architecture，DAA），全面适应互联网，支持动态收集、分析数据和HTML格式报告。

SPSS输出结果虽然漂亮，但是很难与一般办公软件如Office或是WPS 2000直接兼容，如不能用Excel等常用表格处理软件直接打开，只能采用拷贝、粘贴的方式加以交互。在撰写调查报告时往往要用电子表格软件及专业制图软件来重新绘制相关图表，这已经遭到诸多统计学人士的批评；而且SPSS作为三大综合性统计软件之一，其统计分析功能与另外两个软件即SAS和BMDP相比仍有一定欠缺。

虽然如此，SPSS for Windows由于其操作简单，已经在我国的社会科学、自然科学的各个领域发挥了巨大作用。该软件还可以应用于经济学、数学、统计学、物流管理、生物学、心理学、地理学、医疗卫生、体育、农业、林业、商业等各个领域。

2、SAS

1）基本简介

SAS (statistical analysis system）是由 SAS Institute Inc公司于1976年开发的统计软件套件，目前，SAS系统在国际上已被誉为统计分析的标准软件，用于数据管理、高级分析、多元分析、商业智能、刑事调查和预测分析。

SAS把数据存取、管理、分析和展现有机地融为一体。主要特点如下：

（1）功能强大，统计方法齐、全、新。SAS提供了从基本统计数的计算到各种试验设计的方差分析，相关回归分析以及多变数分析的多种统计分析过程，几乎囊括了所有最新分析方法，其分析技术先进，可靠。分析方法的实现通过过程调用完成。许多过程同时提供了多种算法和选项。例如方差分析中的多重比较，提供了包括LSD、DUNCAN、TUKEY测验在内的10余种方法；回归分析提供了9种自变量选择的方法（如STEPWISE、BACKWARD、FORWARD、RSQUARE等）。

回归模型中可以选择是否包括截距，还可以事先指定一些包括在模型中的自变量字组（SUBSET）等。对于中间计算结果，可以全部输出，不输出或选择输出，也可存储到文件中供后续分析过程调用。

（2）使用简便，操作灵活。SAS以一个通用的数据（DATA）步产生数据集，而后以不同的过程调用完成各种数据分析。其编程语句简洁，短小，通常只需很小的几句语句即可完成一些复杂的运算，得到满意的结果。结果输出以简明的英文给出提示，统计术语规范易懂，使用者具有初步英语和统计基础即可。使用者只要告诉SAS“做什么”，而不必告诉其“怎么做”。同时SAS的设计，使得任何SAS能够“猜”出的东西用户都不必告诉它（即无须设定），并且能自动修正一些小的错误（如将DATA语句的DATA拼写成DATE，SAS将假设为DATA继续运行，仅在LOG中给出注释说明）。

对运行时的错误它尽可能地给出错误原因及改正方法。因而SAS将统计的科学，严谨和准确与便于使用者有机地结合起来，极大地方便了使用者。

（3）提供联机帮助功能。使用过程中按下“F1”功能键，可随时获得帮助信息，得到简明的操作指导。

2）软件功能

SAS是一个模块化、集成化的大型应用软件系统。

它由数十个专用模块构成，功能包括数据访问、数据储存及管理、应用开发、图形处理、数据分析、报告编制、运筹学方法、计量经济学与预测等等。

SAS系统基本上可以分为四大部分：SAS数据库部分；SAS分析核心；SAS开发呈现工具；SAS对分布处理模式的支持及其数据仓库设计。

SAS系统主要完成以数据为中心的四大任务：数据访问；数据管理(SAS 的数据管理功能并不很出色，而是数据分析能力强大所以常常用微软的产品管理数据，再导成SAS数据格式．要注意与其他软件的配套使用）；数据呈现；数据分析。当前，软件最高版本为SAS9.3。其中Base SAS模块是SAS系统的核心。其他各模块均在Base SAS提供的环境中运行。用户可选择需要的模块与Base SAS一起构成一个用户化的SAS系统。

第四节 Meta分析

Meta 分析又称“荟萃分析”，狭义上，Meta分析是将系统评价中的多个不同结果的同类研究合并为一个量化指标的统计学方法。广义上，Meta 分析指运用定量统计学方法，汇总多个研究结果的系统评价（定量系统评价）。Meta分析已被广泛应用于流行病学、心理学、教育学、循证医学、遗传病学等领域之中。

对于多个单独进行的研究而言，许多观察组样本过小，难以产生任何明确意见。Meta分析可以用统计的概念与方法，去收集、整理与分析之前学者专家针对某个主题所做的众多实证研究，收集已发表文章中研究数据，找出该问题或所关切的变量之间的明确关系模式，可弥补传统文献综述的不足。

一、文献检索和入选评价

文献检索的常用数据库如CDSR（Cochrane database of systematic reviews）、Plos One、Medcine、Oncotarget、Sci Rep、PubMed、EMBASE等，检索词尽可能覆盖最全面文献，检索到的文献要系统分类，

入选文献的评价需要建立质量评价表，依照不同的要求，有不同的评价工具，如随机对照试验的质量评价工具：Cochrane风险偏倚评估工具 、PEDro量表、Delphi清单、CASP清单、Jadad量表、Chalmers量表、CONSORT声明。观察性研究的质量评价工具：NOS量表（最常用）、CASP清单、AHRQ、STROBE声明；STREGA声明。非随机对照实验性研究的质量评价工具：MINORS条目、Reisch评价工具、TREND声明。

对于诊断性研究评价工具可为QUADAS工具、CASP清单、STARD声明、Cochrane DTA工作组标准。对于动物试验，评价工具可为STAIR清单、CAMARADES清单、ARRIV指南。

二、数据分析

采用Meta分析软件、Review manager软件、Cochrane、Stata、R语言等对数据进行分类，并用可视化的图表来表示结果。能纳入分析的数据类型有：① 二分类变量：是指那些结局只有两种可能性的变量，如有效与否、心肌梗死、心血管不良事件、死亡等，一般将发生事件的人数除以样本量总数得到的事件发生率作为结局考察。常见的二分类变量包括比值比（odds ratio，OR）、相对危险度（relative risk，RR）和危险度差值（risk difference，RD）。② 连续性变量：在统计学中，变量按变量值是否连续可分为连续变量与离散变量两种。在一定区间内可以任意取值的变量叫连续变量，其数值是连续不断的，相邻两个数值可作无限分割，即可取无限个数值。常用图片形式有森林图。

第五节　论文撰写

论文是指常用来进行科学研究和描述科研成果文章。它既是探讨问题进行科学研究的一种手段，又是描述科研成果进行学术交流的一种工具，包括学年论文、毕业论文、学位论文、科技论文、成果论文等。

一、论文要素

论文一般由题目、作者、目录、摘要、关键词、英文题名、英文摘要、英文关键词、正文、参考文献和附录等部分组成，各部分的主要内容与功能如下：

1. 题目

论文题目应简明，切中论文要点与中心论点，能概括论文的中心思想，有助于选定关键词，符合编制题录、索引和检索的有关原则。用英语命题时，尽量以短语为主的形式，注意各个名词的顺序，尽可能避免肯定语气的陈述句。标题要起到标示作用，而陈述句容易使题名具有判断式的语义。除特殊情况下，尽可能避免用疑问句作标题。国外科技期刊一般对题名字数有所限制，有的规定题名不超过2行，每行不超过42个印刷符号和空格；有的要求题名不超过14个词。这些规定可供我们参考。在论文的英文题名中。凡可用可不用的冠词均不用。

2. 作者

作者署名置于题名下方，按第一执笔人、第二执笔人……顺序书写。团体作者的执笔人，也可标注于篇首页脚位置。

作者贡献度是作者署名顺序的依据。评价论文的贡献度主要从项目的构思、指导实验设计、数据分析、论文写作与修改等方面进行。

3. 目录

目录是论文中主要段落的简表，目录是目录学的基础资料。在中国目录学的发展中，积累了一系列有效的方法，传统方法有校雠目录之法，有书序解题之法，有辑录注释之法，有互著别裁之法，有类例类序之法，这些方法与现代信息技术相结合，产生了计算机编目、文献检索、书目情报等新方法。但是，早前目录学研究者主要聚焦于目录学的方法、专科目录编制等微观层面，相关研究也多为经验性介绍。

在数字时代，尤其是大数据、云计算环境下，目录学范围大大扩展，突破了原有的文献、书目编制，数字信息资源和网络资源的组织、揭示、管理得到重视，催生了对数字时代目录学有关问题进行客观分析和研究的要求。

信息技术的迅猛发展与信息环境的变化也对传统读书治学有了极大的挑战，读书治学的目的不仅仅是通过阅读吸收知识，更重要的是创造新知识，目录学将成为研究性阅读和科学 创新工作的重要支撑。数字阅读、数字科研已成为阅读和科研工作的重要补充方式。

4. 摘要

摘要是文章主要内容的摘录，要求短、精、完整。字数少可几十字，多不超过三百字为宜。摘要是对论文综合的介绍，使人了解论文阐述的主要内容，要简明扼要地说明研究工作的目的、研究方法和最终结论等。论文发表后，摘要可以帮助读者尽快了解论文的主要内容，以补充题名的不足，从而避免他人编写摘要可能产生的误解、欠缺甚至错误。

5. 关键词

关键词是从论文的题名、提要和正文中选取出来的，是对表述论文的中心内容有实质意义的词汇。关键词是用作计算机系统标引论文内容特征的词语，便于信息系统汇集，以供读者检索。每篇论文一般选取3~8个词汇作为关键词，另起一行，排在摘要的左下方。关键词一般是名词性的词或词组，个别情况下也有动词性的词或词组。关键词应尽量从国家标准《汉语主题词表》中选用；未被词表收录的新学科、新技术中的重要术语和地区、人物、文献等名称，也可作为关键词标注。关键词应采用能覆盖论文主要内容的通用技术词条。

6. 正文

1）引言

引言又称前言、序言和导言，用在论文的开头。引言一般要概括地写出作者意图，说明选题的目的和意义，并指出论文写作的范围。引言要短小精悍、紧扣主题。

2）论文正文

正文是论文的主体，正文应包括论点、论据、论证过程和结论。其中必要的数据可用图表的方式辅助阐述，是论据更简明充分。

为了做到层次分明、脉络清晰，常常将正文部分分成几个大的段落。这些段落即所谓逻辑段，一个逻辑段可包含几个小逻辑段，一个小逻辑段可包含一个或几个自然段，使正文形成若干层次。论文的层次不宜过多，一般不超过5级。

7. 参考文献

参考文献是将论文在研究和写作中可参考或引证的主要文献资料，列于论文的末尾。参考文献应另起一页，标注方式参照《信息与文献　参考文献著录规则》（GB/T 7714—2015）进行。

所列参考文献的要求：所列参考文献应是正式出版物，以便读者考证。所列举的参考文献要标明序号、著作或文章的标题、作者、出版物信息。

参考文献类型包括普通图书、论文集、会议录报告、学位论文、专利文献、标准文献、专著中析出的文献、期刊中析出的文献、报纸中析出的文献等多种，随着信息化技术在科技研究中的不断发展，电子资源（不包括电子专著、电子连续出版物、电子学位论文、电子专刊）也成为一种重要的参考文献类型。

8. 注释

1）根据功能分类

根据功能的不同，注释可以分为标题注释、作者注释、释义性注释和引文注释4种类型。

（1）标题注释：也称题注，指对该论文写作起因、发表情况、所受资助指导情况、致谢等相关情况所做的简短说明。

（2）作者注释：指对论文作者的相关信息予以标明，一般包括姓名、学习或工作单位及职务或学历。有的烦琐一些，要求标明作者的性别、年龄、籍贯、所在省市名及邮政编码等信息。

（3）释义性注释：也称说明注、内容注，指当作者认为应该对正文中所提到的术语、资料、人物、事件或所讨论的议题做进一步的附带说明、评论或引申，而又担心在正文中提及会影响行文顺畅简洁，或担心打断读者思路时，通过注释的形式所做的说明性文字。

（4）引文注释也称引文注、引文出处注释，指对文章所引用的文献的出处（具体文献信息）所作的标明。在功能上与文后的参考文献尽管同属参考文献，但二者之间又有细微的不同。例如，引文注释就同一文献可以在文中出现多次，而文后的参考文献只列一次；引文注释需要一般注明所引用文字在一文献中的具体出处（页码、边码等），而文后的参考文献只需列明文献的基本信息即可；引文注释可以采用节略形式（如同前注等），而文后的参考文献一般不可以节略列写。

实践当中，却也出现了两种混合型注释。一种是标题注释与作者注释的混合，即在作者信息之后直接（或另起一行）说明文章所受资助指导并表达谢意的做法。另外一种是释义性注释与引文注释的混合，即在作释义性注释时，评论、引申过程中又提及其他相关文献，或者在作引文注释时，又附带作了相关说明、评论或引申。这两种做法，在当前一些作者写作和学术期刊中都比较常见。论文写作中，释义性注释、引文注释以及二者混合型注释问题比较多。

2）根据位置分类

根据所处位置的不同，将注释分为脚注、尾注、脚注尾注结合注和夹注。

（1）脚注：指将当页的注释放在当页的页脚（也叫“页末”“地脚”）位置。对于脚注的编号，通常有全文连续编号、每页重新编号和每节重新编号三种方式。

（2）尾注：指将全文的注释放在全文（或章节）的结尾位置。一般来说，尾注按照注释在文中出现的顺序先后排列。

（3）脚注尾注结合注：是指将释义性注释采用脚注形式，而引文注释则采用尾注形式的一种混合型注释方式。

（4）夹注也称文中注、括注，即在正文或者其他类注释中对常识性的内容以括号形式作以简要说明。根据夹注内容的不同，可以分为夹注书名、夹注外文、夹注页码等。夹注不仅可以出现在正文中，也可以出现在其他类别的注释当中。

3）其他分类

除上述分类以外，还有边注、图注和表注。边注也称旁注，是置于页面一侧的注释。图注，即针对图或者图中某一内容所做的注释。表注，即针对表格或者表格中某个事项所做的注释。通常而言，边注在论文写作中并不常见，图注和表注又比较好理解。

第二篇

微生物学实验基本操作技术

WEISHENGWUXUE SHIYAN
JIBEN CAOZUO JISHU

第三章

微生物实验条件基础

第一节　实验室环境

一、实验目的

（1）证实实验室环境与人体表面存在微生物。

（2）观察不同类群微生物的菌落形态特征。

（3）体会无菌操作的重要性。

二、基本原理

如何让我们周围“看不见”的微生物变得可以“看得见”？显微镜技术是其中一种方法，即通过放大微生物个体，使我们能够看到它们；另一种方法将单个细胞“放大”成子细胞群体（菌落），使我们看得见它们的存在，即通过培养的方法使肉眼看不见的单个菌体在固体培养基上，经过繁殖形成多达几百万个菌聚集在一起的用肉眼就可见的菌落。本实验将采取后一种方法检查实验室环境和人体表面的微生物，从而使学生牢固树立无菌概念。

平板培养基含有细菌生长所需要的营养成分，当取自不同来源的样品接种于培养基上，在适宜温度下培养时，1~2d 内每一菌体即可通过很多次细胞分裂而进行繁殖，形成一个可见的细胞群体的集落，称为菌落。

每种细菌的菌落都有自己的特点，主要表现在菌落大小，菌落表面干燥或湿润、扁平或隆起、光滑或粗糙、边缘是否整齐，菌落的透明度、颜色以及质地疏松或紧密等。因此，可以通过平板培养基来检查环境中细菌的数量和类型。

三、实验器材

1. 培养基

肉膏蛋白胨琼脂平板培养基。

2. 溶液和试剂

无菌水。

3. 仪器和其他用品

试管、灭菌湿棉签（装在试管内）、试管架、煤气灯或酒精灯、记号笔和废物缸等。

四、实验步骤

1. 标记

培养皿标记时在其边缘写上自己的实验项目、名字和日期，如果同一培养皿有多个小区时，要在各个小区内分别标记待处理的样品名，为了不影响观察可用符号或者数字表示。

注意:不能在皿盖上做标记，因为在微生物学实验中，经常需要同时观察很多平板，很容易错盖皿盖。分别在两套一次性塑料平板底部用记号笔划分出4个小区，在4个小区分别标上字母。

平皿1：A、B、C、D。

平皿2：E、F、G、H。

2. 人体表面微生物检查

（1）手指表面：在火焰旁，半开皿盖，用洗前的手指在平板的A区轻轻按一下，迅速盖上皿盖。然后用肥皂清洗手2次，自然干燥后，在B区轻轻按一下，迅速盖上皿盖。

（2）头发：将1~2根头发轻轻放在平板的C区，迅速盖上皿盖。

（3）鼻腔：取灭菌的湿棉签在鼻腔内滚动数次后，立即在平板的D区轻轻摩擦2~3次，盖上皿盖。

3. 实验室环境检查

（1）将标有“空气1”的平板在实验室打开皿盖，使培养基表面完全暴露在空气中，20min 后盖上皿盖。

（2）将另一标有“空气2”的平板进行同样的操作，置于一个你认为空气中微生物数量较多的环境内，20min 后盖上皿盖。

注意：在记录本上记下“空气x”分别代表的含义。

（3）按同样方法取灭菌湿棉签，在实验台等4个你认为微生物较多的地方

擦拭，再分别在第2个塑料平板的E、F、G、H相应区域滚动接种。（注意做好取样地点记录）

4. 培养

将所有的琼脂平板翻转，使皿底朝上，置于37° C下培养 1d。

五、实验结果

将平板培养结果记录于下表中，并做简单说明。

结果记录表

	A	B	C	D	E	F	G	H	空气1	空气2
菌落数量										
菌落类型（如大小、形状、透明程度、颜色等）										
简要说明										

第二节　实验室用水

一、实验目的

（1）明确实验室用水的标准。

（2）了解不同实验用水的要求。

二、实验原理

实验室用水是实验室内常被忽视但却至关重要的试剂，实验室用水可分为蒸馏水、去离子水、反渗水、超纯水等。实验室用水共分为3个级别：一级水、二级水和三级水。一级水用于有严格要求的分析试验，包括对颗粒有要求的试验，如高效

液相色谱分析用水，可用二级水经过石英设备蒸馏或交换混床处理后，再经0.2μm微孔滤膜过滤来制取；二级水用于无机衡量分析等试验，如原子吸收光谱分析用水，可用多次蒸馏或离子交换等方法制取；三级水用于一般化学分析试验，可用蒸馏或离子交换等方法制取。

由于一、二级水不能长时间保存，本实验为测定实验室蒸馏水的pH值和电导率，《分析实验室用水规格和试验方法》（GB/T 6682—2008）中规定，三级水的pH值应为5.0~7.5，电导率应小于0.50ms/m。

三、实验器材

1. 溶液和试剂

蒸馏水、磷酸盐标准缓冲液、邻苯二甲酸盐标准缓冲液。

2. 仪器和其他用品

pH计、电导仪、蒸馏水专用容器、烧杯。

四、实验步骤

1. pH值的测定

（1）提前打开pH计的电源。根据室温调节温度。

（2）用三蒸水冲洗玻璃电极。

（3）使用磷酸盐标准缓冲液、邻苯二甲酸盐标准缓冲液校正。

（4）取100ml水样进行检测。

注意：每次测定前需用三蒸水冲洗玻璃电极。

2. 电导率的测定

（1）将电导仪按照说明书开机并调试。

（2）取400ml水样进行测定。

注意：测定三级水的电导仪应配备电极常数为0.1~1cm^{-1}的电导池，且具备温度自动补偿功能。

五、实验结果

分别记录测得的pH值和电导率，判断蒸馏水是否符合三级水标准。

第四章

显微技术

实验一　普通光学显微镜

一、实验目的

（1）复习普通光学显微镜的结构、各部分的功能和使用方法。

（2）学习并掌握油镜的工作原理和使用方法。

（3）掌握利用显微镜观察不同微生物的基本技能，了解球菌、杆菌、放线菌、酵母、真菌在光学显微镜下的基本形态特征。

二、实验原理

显微镜的种类很多，其中普通光学显微镜是最常用的一种，是微生物学研究者不可缺少的工具之一。被检物体置于集光器与物镜之间，平行的光线自反射镜折入集光器，光线经过集光器穿过透明的物体进入物镜后，即在目镜的焦点平面（光阑部位或附近）形成了一个初生倒置的实像。从初生实像射过来的光线，经过目镜的接目透镜而到达眼球。这时的光线已变成平行或接近平行光，再透过眼球的晶状体时，便在视网膜后形成一个直立的实像。

光学显微镜的构造分光学系统和机械系统两部分。

1. 光学系统

显微镜的光学系统主要包括物镜、目镜、集光器、彩虹光阑、反光镜和光源等。

（1）物镜。物镜通常称为镜头，是在金属圆筒内装有许多块透镜用特殊的胶粘在一起而形成的。根据物镜和标本之间的介质的性质不同，物镜分为干燥系物镜和油浸系物镜两种。干燥系物镜指物镜和标本之间的介质是空气（折光率 n=1.00），包括低倍镜和高倍镜两种。油浸系物镜指物镜和标本之间的介质是一种和玻璃折光率（n=1.52）相近的香柏油（n=1.515）。这种物镜也称为油镜，放大倍数为 90× 或 100×，一般在镜头上标以“H”或“or”字样，镜头下缘刻有一圈黑线。使用油镜时需要将镜头浸在香柏油中，这是为了消除光由一种介质进入另一种介质时发生散射。

① 放大倍数：物镜的放大倍数可由外形来辨别，镜头长度越短，口径越大，放大倍数越低。物镜的放大倍数都标在镜头上，常用的低倍镜为 10×、20×；高倍镜为40×、45×：油镜为 90×、100×。

② 分辨力：是指显微镜分辨被检物体细微结构的能力，也就是判别两个物体点之间最短距离的本领。分辨力以R 表示，若两个物体之间距离大于R，可被这个物镜分辨；若距离小于 R时，就分辨不清了。所以，R值越小，物镜的分辨力越高，物镜越好。

注意：用普通光学显微镜是无法观察到小于 0.2 μm 的物体的。但是，大部分细菌直径在0.5 μm以上，故用油镜就能清晰地观察到细菌的个体形态。

（2）目镜。

① 目镜的组成：目镜也称接目镜，通常由两块透镜组成。上面的一块与眼接触，称为接目透镜；下面的一块靠近视野，称为会聚透镜。在两块透镜中间，或在视野透镜的下端装有一个用金属制成的光阑，物镜或会聚透镜就在这个光阑的面上成像，在这个光阑的面上还可以安装目镜测微尺。

② 目镜的放大倍数：实验室中常用的目镜的放大倍数为5×、10×、15×、20×。若10× 目镜与40× 物镜配合使用，显微镜的总放大倍数为400倍，一般用40x10来表示，即显微镜的物镜和目镜放大倍数的乘积。但这是有条件的，只有在能分辨的情况下，上述乘积才有效。

（3）集光器。在较高级的显微镜的载物台下的次台上均装有集光器。集光器一般由2~3块透镜组成，其作用是会聚从光源射来的光线，集合成光束，以增强照明光度，然后经过标本射入物镜中去。利用升降调节螺旋可以调节光线的强弱。

（4）彩虹光阑。在集光器下方装有彩虹光阑。彩虹光阑能连续而迅速地改变口径，光阑越大，通过的光束越粗，光量也越多。在用高倍物镜观察时，应开大光阑，使视野明亮；若观察活体标本或未染色标本时，应缩小光阑，以增加物体明暗对比度，便于观察。

有些显微镜的彩虹光阑下方装有滤光片支持架，可以内外移动，以便安放滤光玻片。

（5）反光镜和光源。在显微镜最下方、镜座中央的底座内，装有灯泡，为显微镜的光源，目前显微镜都自身携带光源。而一些老式的显微镜需要采集外界光源，因此在镜座的中央装有反光镜。反光镜由凹、平两面圆形镜子组成，可以自由转动方向，将从外界光源来的光线送至集光器。在利用集光器时，通常用平面镜，因为集光器的构造最适于利用平行光，只有在照明条件较差或用油镜时，才用凹面镜。

2．机械系统

显微镜的机械系统主要由镜座、镜臂、载物台、镜筒、物镜转换器和调节装置等组成（图4-1-1，图4-1-2）。

（1）镜座。镜座是显微镜的基座，位于显微镜最底部，多呈马蹄形、三角形、圆形或丁字形。

（2）镜臂。镜臂是显微镜的脊梁，用以支持镜筒、载物台和照明装置。对于镜筒能升降的显微镜，镜臂是活动的；对于镜台活动的显微镜，镜臂和镜座是固定的。

（3）镜筒。镜筒是连接目镜和物镜的金属空心圆筒，圆筒的上端可插入目镜，下端与物镜转换器相连。镜筒长度一般为160mm。有的镜筒有分枝呈双筒，可同时装两个目镜。

（4）物镜转换器。物镜转换器在镜筒下端与螺纹口相接，是一个可以旋转的圆盘，其上装有3~4个不同放大倍数的物镜，可以随时转换物镜与相应的目镜构成一组光学系统。由于物镜长度的配合，镜头转换后仅需稍微调焦即可观察到清晰的物像。

（5）载物台。载物台是放置被检标本的平台，呈方形或圆形，中心部位有孔可透过光线。一般方形载物台上装有标本移动器装置，转动螺旋可使标本前后、左右移动。有的在移动器上装有游标尺，构成精密的平面直角坐标系，以便固定标本位置重复观察。

（6）调焦装置。调焦装置在镜臂两侧装有使载物台或镜筒上下移动的调焦装置-粗、细（微调）螺旋。一般粗螺旋只做粗调焦距，使用低倍物镜时，仅用粗调便可获得清晰的物像；当使用高倍镜和油镜时，用粗调找到物像，再用微调调节焦距，才能获得清晰的物像。微调螺旋每转一圈，载物台上升或下降0.1mm。因此，微调只在用粗调螺旋找到物像后，使其获得清晰物像时使用。

三、实验器材

1.菌种

金黄色葡萄球菌、枯草芽孢杆菌的染色玻片标本，酿酒酵母、链霉菌及青霉的水封片。

2.溶液和试剂

香柏油、二甲苯等。

3.仪器和其他用品

普通光学显微镜、擦镜纸和绸布等。

四、实验步骤

1.观察前的准备

（1）显微镜的安置：显微镜应放在身体的正前方，镜臂靠近身体一侧，镜身向前，镜与桌边相距10cm左右。

（2）光源调节：将聚光器上升到最高位置，可通过调节安装在镜座内的光源的电压获得适当的照明亮度。如是使用反光镜采集自然光或灯光作为照明光源时，应根据光源的强度及所用物镜的放大倍数选用凹面或凸面反光镜并调节其角度，使视野内的光线均匀、亮度适宜。适当调节聚光器的高度也可改变视野的照明亮度，但一般情况下聚光器在使用中都是调到最高位置。

（3）根据使用者的个人情况，调节双筒显微镜的目镜：双筒显微镜的目镜间距可以适当调节，而左目镜上一般还配有屈光度调节环，可以适应眼距不同或双眼视力有差异的观察者。

（4）聚光器NA值的调节：调节聚光器虹彩光圈值与物镜的NA值相符或略低。有些显微镜的聚光器只标有最大NA值，而没有具体的光圈数刻度。使用这种显微镜时可在样品聚焦后取下一目镜，从镜筒中一边看着视野，一边缩放光圈，调整光圈的边缘与物镜边缘黑圈相切或略小于其边缘。因为各物镜的NA值不同，所以每转换一次物镜都应进行这种调节。

在聚光器的NA值确定后，若需改变光照度，可通过升降聚光器或改变光源的亮度来实现，原则上不应再对虹彩光圈进行调节。当然，有关虹彩光圈、聚光器高度

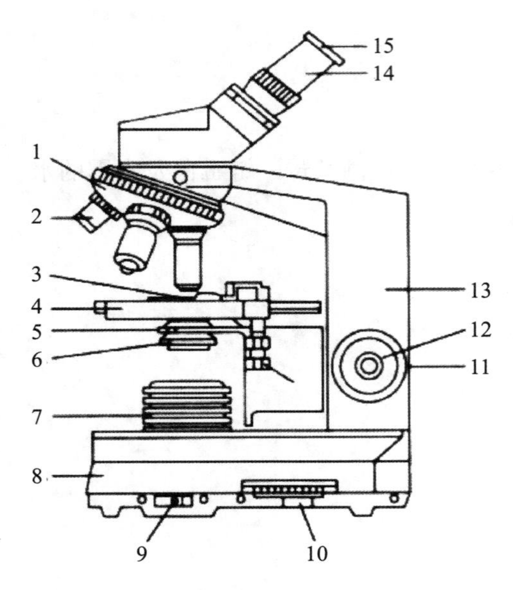

图4-1-1　复式光学显微镜构造示意图

1. 物镜转换器　2. 物镜　3. 游标卡尺　4. 载物台
5. 集光器　6. 彩虹光阑　7. 光源　8. 镜座
9. 电源开关　10. 光源滑动变阻器　11. 粗调螺旋
12. 微调螺旋　13. 镜臂　14. 镜筒
15. 目镜　16. 标本移动螺旋

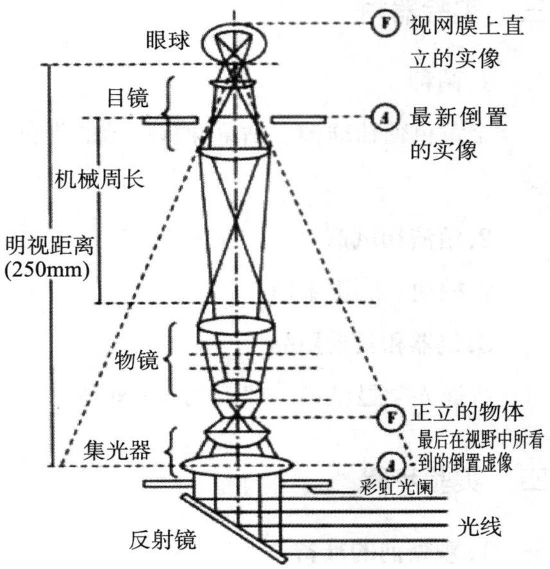

图4-1-2　复式光学显微镜成像原理图

及照明光源强度的使用原则也不是固定不变的，只要能获得良好的观察效果，有时也可根据具体情况灵活运用，不一定拘泥不变。

2. 显微观察

在目镜保持不变的情况下，使用不同放大倍数的物镜所能达到的分辨率及放大率都是不同的，在显微观察时应根据所观察微生物的大小选用不同的物镜。例如，观察酵母、放线菌、真菌等个体较大的微生物形态时，可选择低倍镜或高倍镜，而观察个体相对较小的细菌或微生物的细胞结构时，则应选用油镜。

一般情况下，进行显微观察时应遵守从低倍镜到高倍镜再到油镜的观察程序，因为低倍数物镜视野相对大，易发现目标及确定检查的位置。

1）低倍镜观察

将要观察的标本玻片置于载物台上，用标本夹夹住，移动推进器，使观察对象处在物镜的正下方。下降10×物镜，使其接近标本，用粗调节器慢慢升起镜筒，使标本在视野中初步聚焦，再使用细调节器调节至图像清晰。通过玻片夹推进器慢慢移动玻片，认真观察标本各部位，找到合适的目的物，仔细观察并记录所观察到的结果。

在任何时候使用粗调节器聚焦物像时，都应该从侧面注视，小心调节物镜靠近标本，然后用目镜观察，慢慢调节物镜离开标本。以防因一时的误操作而损坏镜头及玻片。

2）高倍镜观察

在低倍镜下找到合适的观察目标并将其移至视野中心后，轻轻转动物镜转换器将高倍镜移至工作位置。对聚光器光圈及视野亮度进行适当调节后微调细调节器使物像清晰，利用推进器移动标本仔细观察并记录所观察到的结果。

在一般情况下，当物像在一种物镜视野中已清晰聚焦后，转动物镜转换器将其他物镜转到工作位置进行观察时物像将保持基本准焦的状态，这种现象称为物镜的同焦。利用这种同焦现象，可以保证在使用高倍镜或油镜等放大倍数高、工作距离短的物镜时仅用细调节器即可对物像清晰聚焦，从而避免由于使用粗调节器时可能的误操作而损害镜头或载玻片。

3）油镜观察

在高倍镜下找到合适的观察目标并将其移至视野中心，将高倍镜转离工作位置，在待观察的样品区域滴上一滴香柏油，将油镜转到工作位置，油镜镜头此时应正好浸泡在镜油中。将聚光器升至最高位置并开足光圈，若所用聚光器的NA值超过1.0，还应在聚光镜与载玻片之间也加滴香柏油，保证其达到最大的效能。调节照明使视野的亮度合适，微调细调节器使物像清晰，利用推进器移动标本仔细观察并记录所观察到的结果。

另一种常用的油镜观察方法是在低倍镜下找到要观察的样品区域后，用粗调节器将镜筒升高，将油镜转到工作位置，然后在待观察的样品区域滴加香柏油。从侧面注视，用粗调节器将镜筒小心地降下，使油镜浸在镜油中并几乎与标本相接，调节聚光器的NA值及视野的照明强度后，用粗调节器将镜筒徐徐上升，直至视野中出现物像并用细调节器使其清晰对焦为止。

有时按上述操作还找不到目的物，则可能是由于油镜头下降还未到位，或因油镜上升太快，以至眼睛捕捉不到一闪而过的物像。遇此情况，应重新操作。另外，应特别注意不要因在下降镜头时用力过猛或调焦时误将粗调节器向反方向转动而损坏镜头及载玻片。

3. 显微镜用毕后的处理

（1）上升镜筒，取下载玻片。

（2）用擦镜纸擦目镜和物镜，并用柔软的绸布擦拭机械部分。

（3）油镜使用完毕后，先用擦镜纸揩去香柏油，再用另一张蘸有少许二甲苯的擦镜纸去除残留的香柏油之后，再用干净的擦镜纸揩干。

（4）将各部分还原，将光源灯亮度调至最低后关闭，或将反光镜垂直于镜座，将最低放大倍数的物镜转到工作位置，同时将载物台降到最低位置，并降下聚光器。

五、实验结果

分别绘出所观察到菌体的形态。

实验二　相差、暗视野和荧光显微镜

一、实验目的

（1）了解相差、暗视野及荧光显微镜的工作原理。

（2）学习并掌握使用上述3种显微镜观察微生物样品的基本方法。

二、实验原理

使用普通明视野显微镜进行微生物样品的观察时，通常需要对样品进行染色处理以提高反差，这是因为明视野显微镜的照明光线直接进入视野，属透射照明，透明的活菌在明视野中会由于和明亮的背景间反差过小而不易看清其细节。本实验介绍的相差、暗视野及荧光显微镜，都是通过在成像原理上的改进，提高了显微观察时样品的反差，可以实现对微生物活细胞的直接观察。

1. 相差显微镜

在明视野下看起来透明的样品如活细菌细胞，其不同部分的密度和折射率实际上是有差异的。光线通过这些样品时，光波的相位因此发生变化。但这种相位变化不表现为明暗和颜色上的差异，不能为人眼所感知。相差显微镜则能通过分别安装在聚光器和物镜上的环状光阑和相板，将光的相位差转变为人眼可以察觉的振幅差（明暗差）。如果产生的干涉为相长干涉，则振幅的同相量相加而变大，该部分样品的亮度加大：如果所产生的干涉为相消干涉，则振幅的异相量相消而变小，这部分就变得较暗。这样变相位差为振幅差的结果，使原来透明的样品会由于其内部不同组分间光干涉现象的差异表现为明显的明暗差异，对比度增加，能更加清晰地观察到在普通光学显微镜中看不到或看不清的活细胞及细胞内的某些细微结构。

相差显微镜与普通光学显微镜在构造上主要有3点不同：① 用带相板的相差物镜代替普通物镜，镜头上一般标有PC或pH字样。② 具有环形开孔的光阑位于聚光器的前焦面上，大小不同的环状光阑与聚光镜一起形成转盘聚光器。聚光器转盘前端有标示孔，表示位于聚光镜下面的光阑种类，不同的光阑应与各自不同放大率的物镜配套使用。例如，标示孔的符号为“10”，表示应与10× 物镜匹配；符号为“0”时，为明视野非相差的通光孔。③ 每次使用前应使用合轴调节望远镜对每个环状光阑的光环和相应相差物镜中的相位环进行合轴调中，保证两环的环孔相互吻合，光轴完全一致。

此外，进行相差显微镜观察时一般都使用绿色滤光片。这是因为相差物镜多属消色差物镜，这种物镜只纠正了黄、绿光的球差而未纠正红、蓝光的球差，在使用时采用绿色滤光片效果最好。另外，绿色滤光片有吸热作用（吸收红色光和蓝色光），进行活体观察时比较有利。

2. 暗视野显微镜

暗视野显微镜与明视野显微镜构造上的差别主要在于聚光器。前者聚光器底部中央有一块遮光板，使来自光源的光线由聚光器的周缘部位斜射到标本上。这样，只有经过样品反射和折射的光线才能进入物镜形成物像，而其他未经反射或折射的光线不能进入物镜，形成亮样品暗背景的观察效果。正如我们在白天看不到的星辰却可在黑暗的夜空中清楚地显现一样，在暗视野显微镜中，由于样品与背景之间的反差增大，可以清晰地观察到在明视野显微镜中不易看清的活菌体等透明的微小颗粒。也正由于这种显微镜的视野背景是黑暗的，因此称其为暗视野显微镜。一般的显微镜都可以通过更换聚光器而实现暗视野工作状态。

暗视野法主要用于观察生活细菌及细菌的运动性。由于在暗视野中即使所观察微粒的尺寸小于显微镜的分辨率，依然可以通过它们散射的光而发现其存在，所以暗视野法对于观察菌体细微的梅毒密螺旋体等微生物以及细菌鞭毛的运动特别有用。另外，有些活细胞其外表比死细胞明亮，也可用暗视野来区分死、活细胞，目前这方面最常用的是对各种酵母细胞的死、活鉴别。暗视野法的不足之处在于难以分辨所观察物体的内部结构。

3. 荧光显微镜

明视野、暗视野、相差显微镜都是用发自光源的可见光对样品进行照明和成像，因此观察到的是标本直接的本色。而荧光显微镜观察的物像是由样品被激发后发出的荧光形成的，光源的作用仅仅是作为样品荧光的激发光，不进入目镜用于物像的生成。

荧光显微镜是利用紫外光或蓝紫光（不可见光）的照射，使标本内的荧光物质转化为各种不同颜色的荧光（可见光）后，用来观察和分辨标本内某些物质的性质与存在位置。

荧光显微镜和普通光学显微镜的基本结构是相同的，不同的地方是：

第一，荧光显微镜必须有一个紫外光发生装置，通常采用弧光灯或高压汞灯作为发生强烈紫外光的光源；

第二，荧光显微镜必须有一个吸热装置，因为弧光灯或高压汞灯在发生紫外线时放出很多热量，故应使光线通过吸热水槽（通常内装10% $CuSO_4$，水溶液）使之散热；

第三，荧光显微镜必须有一个激发荧光滤光片，滤光片放在聚光镜与光源之间，使波长不同的可见光被吸收。激发荧光滤光片可分为两种，一种是只让325~500nm波段光通过，通过的光为蓝~紫外光（这种滤光片的国际代号为BG），另一种是只让275~400nm波段光通过，其中最大透光度为365nm，通过的主要是紫外光；

第四，要有一套保护眼睛的屏障滤光片（也称阻断反差滤光片）装在物镜的上方或目镜的下方，屏障滤光片透光波段范围是410~650nm，代号有OG（橙黄色）、GG（淡绿黄色）或41~65等，这样，透过滤光片的紫外线，再经过集光器射到被检物体上使之发生荧光，该荧光就可用普通光学显微镜观察到。

在进行荧光显微镜镜检时，如果用暗视野聚光镜，使视野保持黑暗，这时暗视野中的荧光物像更加明显，而且还可能发现明视野显微镜分辨不出来的细微颗粒。

目前，荧光显微镜已广泛用于微生物检验及免疫学方面的研究，借助荧光染料或者荧光抗体可以用来在显微镜下区分死、活细胞以及微生物的特异检测等。在荧光显微检验中，常用的荧光染料有金胺（auramiue）、中性红、品红、硫代黄素（thioflavine）、樱草素（primuine）等。有些荧光染料对某些微生物有选择性，如用金胺可检查抗酸细菌；有些荧光染料对细胞的不同结构具有亲和力，如用硫代黄色素可使细胞质染成黄绿色、液泡染成黄色，异染颗粒染成暗红色。荧光显微镜还广泛应用于研究细胞内物质的吸收、运输、化学物质的分布及定位等。细胞中有些物质，如叶绿素等，受紫外线照射后可发荧光；另有一些物质本身虽不能发荧光，但如果用荧光染料或荧光抗体染色后，经紫外线照射也可发荧光，荧光显微镜就是对这类物质进行定性和定量研究的工具之一。

三、实验器材

1. 菌种

大肠埃希菌和酿酒酵母的培养斜面。

2. 溶液和试剂

无菌水、香柏油、二甲苯、吖啶橙和蒸馏水等。

3. 仪器和其他用品

相差显微镜、暗视野聚光器、荧光显微镜、合轴调节望远镜、滤光片、载玻片和盖玻片等。

四、实验步骤

1. 相差显微镜

（1）将显微镜的聚光器和接物镜换成相差聚光器和相差物镜，在光路上加绿色滤光片。

（2）把聚光器转盘刻度置“0”，调节光源使视野亮度均匀。

（3）将酿酒酵母和大肠杆菌培养物制备的水浸片置于载物台上，用低倍物镜（10×）在明亮视野下调节亮度，对样品进行聚焦。

相差显微镜镜检对载玻片和盖玻片有很高的要求。载玻片滑块厚度应在1.0mm左右。如果太厚，环状光阑的亮环会变大，如果太薄，亮环会变小。载玻片厚度不均、凹凸不平，或有划痕、灰尘等，也会影响图像质量。盖玻片的标准厚度通常为0.16~0.17mm，太薄或太厚都会增加像差和色差，影响观察效果。

（4）将聚光器转盘刻度置“10”（与所用10×物镜相匹配）。注意由明视野转为环状光阑时，因进光量减少，要把聚光器的光圈开足，以增加视野亮度。

（5）取下目镜，换上合轴调节望远镜。用左手固定望远镜的外筒，观察时，用右手旋转内筒，使其升降，对焦使聚光器中的亮环和物镜中的暗环清晰；当双环分开时，说明轴没有对齐。可用聚光器调节螺旋移动亮环，直至双环完全重合。

（6）按上面的方法依次对其他放大倍数的物镜和相应的环状光阑进行合轴调节。精确的合轴调节是取得良好观察效果的关键。若环状光阑的光环和相差物镜中的相位环不能精确吻合会造成光路紊乱，应被吸收的光不能吸收，该推迟相位的光波不能推迟，会失去相差显微镜的效果。

（7）取下望远镜，换回目镜，选用适当放大倍数的物镜进行观察。

2. 暗视野显微镜

（1）将显微镜的聚光器换成暗视野聚光器。

（2）选用适当厚薄的载玻片（通常0.7~1.2mm）及盖玻片（通常0.17mm）。在载玻片上滴上酿酒酵母或大肠埃希菌悬液后加盖玻片，制成水浸片。

由于暗视野聚光器的NA值都较大（NA值为1.2~1.4），焦点较浅，因此，所选用的载玻片、盖玻片不宜太厚，否则被检物体无法调在聚光器焦点处。

（3）取一大滴香柏油于聚光镜上，并将制片放在镜台上，升起聚光器，使香柏油与载玻片接触。

在进行暗视野观察时，聚光器与载玻片之间滴加的香柏油要充满，不能有气泡，否则照明光线于聚光镜上面会被全面反射，无法到达被检物体，从而不能得到暗视野照明。

（4）用低倍物镜（10×）调节亮度并聚焦样品，将光源光圈调小，在黑暗视野中观察到一亮环。

（5）通过调节聚光器对中螺旋使亮环位于视野的中心，使聚光器与物镜的光轴一致。

（6）微调聚光器高度使亮环变成一亮斑，光斑越小越好，此时聚光器的焦点与标本一致，观察效果最好。逐步扩大光源光圈，使光斑扩大，并略大于视野。

（7）选用合适放大倍数的物镜，调节亮度并调焦进行观察。

（8）观察完毕，擦去聚光器上的香柏油，并参照普通光学显微镜的要求，妥善清洁镜头及其他部件。

3. 荧光显微镜

（1）将一滴新配制的0.01%吖啶橙溶液滴加到干净的载玻片上，用接种环刮少量酿酒酵母或大肠埃希菌菌苔与之混匀，制成菌悬液，然后加盖玻片。

用蒸馏水配制的吖啶橙溶液可在4℃冰箱避光保存2周。

（2）接通电源，打开显微镜高压电源开关，按下激发按钮（IGNITION）数秒，点燃汞灯，待灯室发光后，释放按钮。预热15min。

（3）关闭紫外线光阑，将制备的水浸片放置于载物台上，用玻片夹固定。

（4）打开显微镜底座上方的普通照明电源开关，根据使用者的眼距调节目镜间距离，在明视场状态下选用合适放大倍数的物镜聚焦，观察标本。

（5）关闭普通照明光源。根据观察需要，通过显微镜上方的选择开关（"G"或"B"），获得合适的激发紫外线，G代表绿光激发，B代表蓝光激发。

（6）打开紫外线光阑，标本被激发光照亮，即可从目镜进行荧光观察。

（7）通过位于灯室出口的紫外线调节光阑，可以控制激发紫外线的强度。

高压汞灯关闭后不能立即重新打开，需经至少5min后才能再启动，否则会不稳定，影响汞灯寿命。

（8）使用完毕后，做好镜头和载物台的清洁工作，待灯室冷却至室温后再加显微镜防尘罩。

五、实验结果

绘图并描述在3种显微镜下观察到的大肠埃希菌和酿酒酵母的形态特点。

实验三　电子显微镜

一、实验目的

（1）了解电子显微镜的工作原理。

（2）学习并掌握制备微生物电镜样品的基本方法。

二、实验原理

显微镜的分辨率取决于所用光的波长，1933年开始出现的电子显微镜正是由于使用了波长比可见光短得多的电子束作为光源，使其所能达到的分辨率较光学显微镜大大提高。而光源的不同，也决定了电子显微镜与光学显微镜的一系列差异。主要表现在:① 电子在运行中如遇到游离的气体分子会因碰撞而发生偏转，导致物像散乱不清，因此电镜镜筒中要求高真空。② 电子是带电荷的粒子，因此电镜是用电磁圈来使“光线”汇聚、聚焦。③ 电子像人肉眼看不到，需用荧光屏来显示或感光胶片做记录。

根据电子束作用样品方式的不同及成像原理的差别，现代电子显微镜已发展形成了许多种类型，目前最常用的是透射电子显微镜（transmission electron microscope）和扫描电子显微镜（scanning electron microscope），前者总放大倍数可在1000~1000000倍范围内变化，后者总放大倍数可在20~3000000倍之间变化。本实验主要介绍透射显微镜样品的制备。

透射电子显微镜的工作原理与普通光学显微镜类似，穿过样品时被散射的电子束经中间镜和投影镜放大成像，并在荧光屏板上形成一个放大了的、肉眼可见的样品像。样品上密度较高的区城形成较暗的物像，因为它使较多的电子发生散射，而最终到达光屏应区域的电子减少；相反，对电子透明的区域会形成较亮的物像。因此，透射电子显微镜的样品必须很薄，且放置在覆盖有支持膜的载网上，否则电子束无法穿过。透射电镜样品的制备方法很多，如超薄切片法、复型法、冰冻蚀刻法、滴液法等，其中滴液法，或在滴液法基础上发展出来的其他类似方法，如直接贴印法、喷雾法等主要用于观察病毒粒子、细菌的形态及生物大分子等。而由于生物样品主要由碳、氢、氧元素组成，散射电子的能力很低，在电镜下反差小，所以在进行电镜的生物样品制备时，通常还须采用重金属盐负染色或金属投影等方法来增加样品的反差，以提高观察效果。负染色法用电子密度高、本身不显示结构且与样品几乎不反应的物质（如磷钨酸钠、磷钨酸钾）来对样品进行“染色”。由于这些重金属盐不被样品成分所吸附而是沉积到样品四周，如果样品具有表面结构，这种物质还能穿透进表面上凹陷的部分，因而在样品四周有染液沉积的地方，散射电子的能力强，表现为暗区，而在有样品的地方散射电子的能力弱，表现为亮区。这样便能把样品的外形与表面结构清楚地衬托出来。而金属投影法是将铂或其他重金属的蒸气以 45° 角投射到样品上，则覆盖有重金属的区域能散射电子而在照片中显得亮，而样品没有重金属覆盖的一侧及阴影区则显得暗，看起来就像是有光线照射在样品上并形成一个投影一样。

对于核酸等生物大分子，多采用蛋白质单分子膜技术结合负染色法来进行样品制备。其原理是，很多球状蛋白均能在水溶液或盐溶液的表面形成不溶的变性薄膜，在适当的条件下这一薄膜可以成为单分子层，由伸展的肽链构成一个分子网。当核酸分子与该蛋白质单分子膜作用时，会由于白质的氨基酸碱性侧链基团的作用，使得核酸从三维空间结构的溶液构型吸附于肽链网而转化为二维空间的构型，并从形态到结构均能保持一定程度的完整性。最后将吸附有核酸分子的蛋白质单分子膜转移到载膜上，再用负染等方法增加样品的反差后置电镜观察。可用展开法、扩散法和稀释法等使核酸吸附到蛋白质单分子膜上。

三、实验器材

1. 实验材料

大肠埃希菌培养斜面、质粒pBR322。

2. 溶液和试剂

醋酸戊酯、浓硫酸、无水乙醇、无菌水、20g/L磷钨酸钠（pH值6.5~8.0）水溶液、3g/L聚乙烯醇缩甲醛（溶于三氯甲烷）溶液、细胞色素C、醋酸铵等。

3. 仪器和其他用品

普通光学显微镜、铜网、瓷漏斗、烧杯、平皿、无菌滴管、无菌镊子、大头针、载玻片、细菌计数板、真空镀膜机和临界点干燥仪等。

四、实验步骤

透射电子显微镜样品的制备及观察

1. 载网的处理

光学显微镜的样品是放置在载玻片上进行观察。而在透射电子显微镜中，由于电子不能穿透玻璃，只能采用网状材料作为载物，通常称为载网。本实验选用的是400目的铜网，可用如下方法进行处理：首先用醋酸戊酯浸漂几小时，再用蒸馏水冲洗数次，然后再将铜网浸漂在无水乙醇中进行脱水。如果铜网经以上方法处理仍不干净时，可用稀释1倍的浓硫酸浸1~2min，或在10g/ L 的NaOH溶液中煮沸数分钟，用蒸馏水冲洗数次后，放入无水乙醇中脱水，待用。

2. 支持膜的制备

在进行样品观察时，还应在载网上覆盖一层不规整、均匀的薄膜，否则会有小试样从载网孔中漏出，这层薄膜通常称为支持膜或载膜。支持膜应对电子透明，其厚度一般应低于20mm;在电子束的冲击下，该膜还应有一定的机械强度，能保持结构的稳定，并拥有良好的导热性:此外，支持膜在电镜下应无可见的结构，且不与承载的样品发生化学反应，不干扰对样品的观察。支持膜可用塑料膜（如火棉胶膜、聚乙烯甲醛膜等），也可以用碳膜或者金属膜（如铍膜等）。常规工作条件下，用塑料膜就可以达到要求，而塑料膜中火棉胶膜的制备相对容易，但强度不如聚乙烯甲醛膜。

（1）火棉胶膜的制备:在一干净容器（如烧杯、平皿或下带止水夹的瓷漏斗）中放入一定量的无菌水，用无菌滴管吸20%火棉胶醋酸戊酯溶液，滴一滴于水面中央，勿振动，待醋酸戊酯蒸发，火棉胶则由于水的张力随即在水面上形成一层薄膜。用镊子将它除掉，再重复一次此操作，主要是为了清除水面上的杂质。然后适量滴一滴火棉胶液于水面，火棉胶液滴加量的多少与形成膜的厚薄有关，待膜形成后，检查膜是否有皱褶，如有则除去，一直待膜制好。

所用溶液中不能有水分及杂质，否则形成的膜质量较差。待膜成型后，可从侧面对光检查所形成的膜是否平整及是否有杂质。

（2）聚乙烯醇缩甲醛膜（ Formvar膜）的制备：① 洗干净的玻璃板插入3g/L 聚乙烯醇缩甲醛溶液中静置片刻（时间视所要求膜的厚度而定），然后取出稍稍晾干，便会在玻璃板上形成一层薄膜；② 用锋利的刀片或针头将膜刻一矩形；③将玻璃板轻轻斜插进盛满无菌水的容器中，借助水的表面张力作用使膜与玻片分离并漂浮在水面上。

所使用的玻片一定要干净，否则膜难以从上面脱落;漂浮膜时，动作要轻，手不能发抖，否则膜将发皱；同时，操作时应注意防风避尘，环境要干燥，所用溶剂也必须有足够的纯度，否则会对膜的质量产生不良影响。

3. 转移支持膜到载网上

将洗净的网放入瓷漏斗中，漏斗下套上乳胶管，用止水夹控制水流，缓缓向漏斗内加入转移支持膜到载网上，可有多种方法，常用的有如下两种：

（1）将干净的网放入瓷漏斗中，盖上漏斗下方的乳胶管，用止水夹控制水流，慢慢向漏斗中加入无菌水，数量约为1cm高；用无菌镊子轻轻去除铜网上的气泡，均匀地放置在漏斗中央区域；按照“2.支持膜的制备”中所述的方法在水面上制备支撑膜，然后松开水夹，使支撑膜缓慢下沉并紧紧粘在铜网上；用干净的滤纸盖在漏斗上防尘，自然干燥或红外光烘烤。用大头尖在铜网周围切开干燥膜，用无菌钳小心地将铜网膜移至载玻片上。光学显微镜下用低倍镜挑选厚度均匀、完整的铜网膜备用。

（2）按“2.支持膜的制备”所述方法在平皿或烧杯里制备支持膜，成膜后将几片铜网放在膜上，再在上面放一张滤纸，浸透后用镊子将滤纸反转提出水面。将有膜及铜网的一面朝上放在干净平皿中，置40℃烘箱使之干燥。

4. 制片

本实验采用滴液法结合负染色技术观察细菌及核酸分子的形态。

（1）细菌的电镜样品制备：① 在生长良好的菌体斜面加入适量无菌水，用吸管轻轻触碰菌体，形成菌悬液。用无菌滤丝过滤，并调整滤液中的细胞浓度为每毫升10^8~10^9个。② 取等量的上述菌悬液与等量的20g/L的磷钨酸钠水溶液混合，制成混合菌悬液。③ 用无菌毛细吸管吸取混合菌悬液滴在铜网膜上。④ 经3~5min后，用滤纸吸去余水，待样品干燥后，置低倍光学显微镜下检查，挑选膜完整、菌体分布均匀的铜网。

有时为了保持菌体的原有形状，也可用戊二醛、甲醛、锇酸蒸气等试剂小心固定后再进行染色。其方法是将用无菌水制备好的菌悬液经过滤，然后向滤液中加几滴固定液（如pH值7.2，0.15%的戊二醛磷酸缓冲液），经这样预先稍加固定后，离心，收集菌体，制成菌悬液，再加几滴新鲜的戊二醛，在室温或4℃冰箱内固定过夜。次日离心，收集菌体，再用无菌水制成菌悬液，并调整细胞浓度为每毫升108~109个。然后按上述方法染色。

（2）核酸分子的电镜样品制备：核酸分子链一般较长，采用普通的滴液法或喷雾法易使其结构受到破坏，因此目前多采用蛋白质单分子膜技术来进行核酸分子样品的制备。本实验采用展开法将核酸样品吸附到蛋白质单分子膜上。制备方法：① 将质粒pBR322与一碱性球状蛋白溶液（一般为细胞色素C）混合，使质量浓度分别达到0.5~2mg/ml和0.1mg/ml，并加入终浓度为0.5~1mol/L的醋酸铵和1 mmol/L的乙二胺四乙酸钠，成为展开溶液，pH为7.5。② 在一干净的平皿中注入一定下相溶液（蒸馏水或0.1~0.5mol/L的醋酸铵溶液），并在液面上加入少量滑石粉。将一干净载玻片斜放于平皿中，用微量注射器或移液枪吸取50μl的展开溶液，在离下相溶液表面约1cm的载玻片上前后摆动，滴于载玻片的表面，此时可看到滑石粉层后退，说明蛋白质单分子膜逐渐形成，整个过程需2~3min。载玻片倾斜的角度决定了展开液下滑至下相溶液的速度，并对单分子膜的形成质量有影响。经验证明：以倾斜度15° 左右为宜。在蛋白形成单分子膜时，溶液中的核酸分子也同时分布于蛋白质基膜中间，并略受蛋白质肽链的包裹。理论计算及实验证明，当1mg的蛋白质展开成良好的单分子膜时，其面积约为$1m^2$，因而可根据最后形成的单分子膜面积的大小估计其好坏程度。如果面积过小，说明形成的膜并非单分子层，因而核酸就有局部或金部被膜包裹的危险，使整个核酸分子消失或反差变坏。在单分子膜形成时整个装置最好用玻璃罩等物盖住，以防操作人员的呼吸和旁人走动等引起的气流影响以及灰尘等脏物的污染。另外，在展开溶液中可适量加入一些与核酸量相差不大的指示标本，如烟草花叶病毒等，以利于鉴定单分子膜的展开及后面转移操作的好坏。③单分子膜形成后，用电镜镊子取一覆有支持膜的载网，使支持膜朝下，放置于离单分子膜前沿1cm或距离载玻片0.5cm的膜表面上，并用镊子即刻捞起，单分子膜即吸附支持膜上。多余的液体可用小片滤纸吸去，也可将载网直接漂浮于无水乙醇中10~30s。④将载有单分子膜的载网置于10^{-5}~10^{-3}mol/L的醋酸铀乙醇溶液中染色约30s（此步可在用乙醇脱水时同时进行），或用旋转投影的方法将金属喷镀于核酸样品的表面。也可将两种方法结合起来，在染色后再进行投影，其效果有时比单独使用一种方法更好一些。

5. 观察

将载有样品的铜网置于透射电镜中进行观察。

五、实验结果

绘图描述所制备的大肠埃希菌和pBR322质粒DNA电镜制片在电子显微镜下观察到的形态。

实验四　放线菌、酵母菌、霉菌形态的观察

一、实验目的

（1）熟练使用显微镜

（2）学习并掌握放线菌、酵母菌、霉菌的形态。

二、实验原理

细菌的形态一般很小，肉眼基本上看不见，需要借用显微镜观察。一般显微镜有几个放大倍数不同的物镜，如4×、10×为低倍物镜，40×为高倍物镜，这类物镜与标本之间不需要加任何液体介质进行观察的称为干燥物镜；而100×的称为油浸物镜，使用时需在标本和物镜之间加入香柏油才能使用。

放线菌：由菌丝体构成的丝状原核微生物，菌丝直径小于1μm，无隔膜，单细胞；可分为基内菌丝、气生菌丝和孢子丝三种；主要以无性孢子繁殖。

酵母菌是单细胞的真核微生物，菌体比细菌大且不运动。酵母菌繁殖方式分为无性繁殖和有性繁殖两种，以无性繁殖为主。芽殖是酵母菌普遍的无性繁殖方式，少数为裂殖。

生长在营养基质上形成绒毛状、蜘蛛网状或絮状菌丝体的小型霉菌，统称为霉菌。霉菌菌丝体由基内菌丝、气生菌丝和繁殖菌丝组成，其菌丝比细菌及放线菌粗几倍到几十倍。

三、实验器材

1. 仪器与其他用具

显微镜，放线菌、酵母菌、霉菌等的制片，擦镜纸等。

2. 实验试剂

香柏油、二甲苯等。

四、实验步骤

1. 取镜和安放

（1）取镜：右手握住镜臂，左手托住镜座。

（2）安放：把显微镜放在实验台上，略偏左（显微镜放在距实验台边缘7cm左右处）。

（3）用手转动粗准焦螺旋，使镜筒升高，安装好目镜和物镜。

2. 对光

（1）转动转换器，使低倍物镜对准通光孔（物镜的前端与载物台要保持2cm的距离）。

（2）转动遮光器，把一个较大的光圈对准通光孔。

（3）左眼注视目镜内（右眼睁开，便于以后同时画图）。转动反光镜，使光线通过通光孔反射到镜筒内。通过目镜，可以看到白亮的视野。

3. 观察

（1）把放线菌、酵母菌、霉菌等的制片放在载物台上，用压片夹压住，标本要正对通光孔的中心。

（2）转动粗准焦螺旋，使镜筒缓缓下降，直到物镜接近放线菌、酵母菌、霉菌等的制片为止（眼睛看着物镜，以免物镜碰到制片）。

（3）左眼向目镜内看，同时反方向转动粗准焦螺旋，使镜筒缓缓上升，直到看清物像为止。再略微转动细准焦螺旋，使看到的物像更加清晰。

（4）高倍物镜的使用：使用高倍物镜之前，必须先用低倍物镜找到观察的物象，并调到视野的正中央，然后转动转换器再换高倍镜。换用高倍镜后，视野内亮度变暗，因此一般选用较大的光圈并使用反光镜的凹面，然后调节细准焦螺旋。观看的物体数目变少，但是体积变大。

4. 油镜的使用

（1）先用低倍物镜观察标本制片的概况。

（2）把所要观察的部分移在视野中央，然后更换高倍物镜。

（3）把载物台下降（或镜筒上升）约1.5cm，再把油镜转到工作位置。

（4）在盖玻片上所要观察的位置滴一小滴香柏油，细心拧动粗调螺旋，使载物台慢慢上升（或镜筒慢慢下降）。这时要从侧面仔细观察物镜前端与标本之间的距离，先使物镜前端与油滴接触，然后再慢慢上升载物台（或慢慢下降镜筒），至物镜前端接近而没有碰到盖玻片为止。这步操作要特别小心，防止油镜压碎标本或损坏油镜（油镜的工作距离为0.2mm）。

（5）眼睛从目镜中观察，拧动细调螺旋，使载物台慢慢下降（或镜筒慢慢上升）到能看清标本。这步操作要特别注意不要把细调螺旋的方向拧错，以防压碎标本。如因载物台上升或镜筒下降过了或不到位，必须再从侧面观察，重复操作直至物像看清为止。仔细观察并绘图。

（6）再次观察。下降载物台（或提升镜筒），换上另一装片，依次用低倍镜、高倍镜和油镜观察、绘图。重复观察时可比第一次少加香柏油。

（7）观察完毕后，下降载物台（或提升镜筒）约1cm，移开物镜镜头，取出装片，及时做清洁工作。先用干的擦镜纸擦1~2次，把大部分油去掉，再用二甲苯滴湿的擦镜纸擦2次，最后再用擦镜纸擦1次。擦镜纸要折成4层以上，且擦过之处不能再次擦拭。擦拭时要顺镜头的直径方向，不要沿镜头的圆周擦。擦拭要细心，动作要轻，不可用力擦，如果聚光器上有油滴也要同样清洁。载玻片上的油可用拉纸法擦净，即把一小张擦镜纸盖在载玻片油滴上，在纸上滴一些二甲苯，趁湿把纸往外拉，这样连续作3~4次，即可使其干净。

5. 整理

（1）实验完毕，把放线菌、酵母菌、霉菌等的制片取下放回原处。

（2）把显微镜的外表擦拭干净。转动转换器，把两个物镜偏到两旁，并将镜筒缓缓下降到最低处，反光镜竖直放置。最后把显微镜放进镜箱里，送回原处。

五、实验结果

放线菌、酵母菌、霉菌的形态特征分别参见图4-4-1、图4-4-2和表4-4-1。

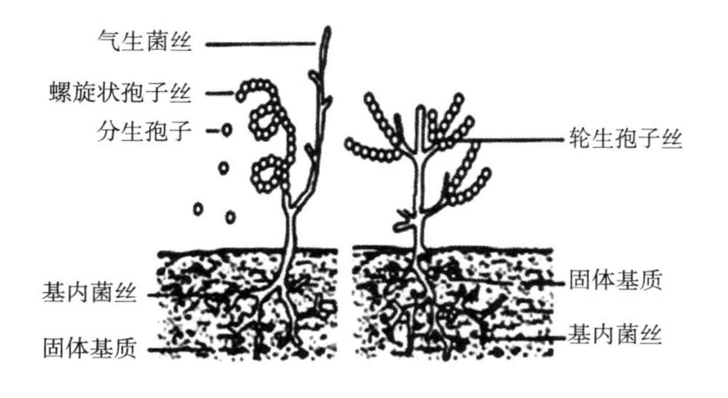

图4-4-1 放线菌的形态特征

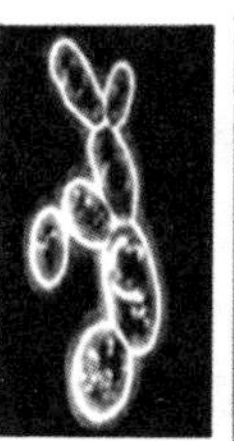

酵母菌的细胞形态

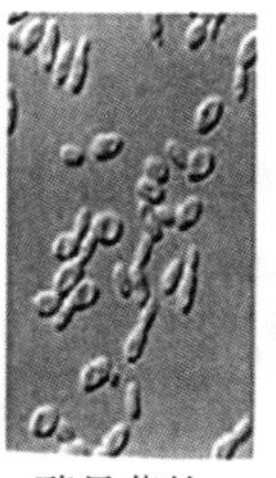

酵母菌的细胞形态

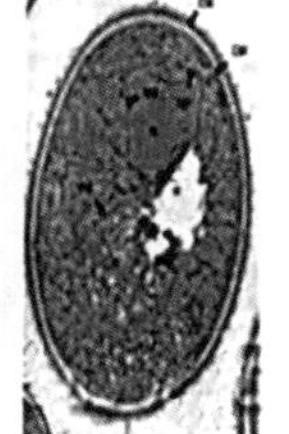

酵母菌的细胞结构的显微照片

图4-4-2 酵母菌的形态特征

表4-4-1　霉菌的形态特征

根霉	菌丝无隔，有匍匐菌丝和假根，假根着生处有直立的向上孢子囊梗，其顶端膨大成孢子囊，孢子囊底部有半球形囊轴
曲霉	菌丝有隔，气丝分化成分生孢子梗，顶端膨大形成球形顶囊，顶囊表面辐射出状生出1~2层小梗，小梗上有一串串分生孢子
毛霉	菌丝无隔、多核、分枝状，无假根或匍匐菌丝，菌丝体上直接生出单生、总状分枝或假轴状分枝的孢囊梗，顶端有球形孢子囊
青霉	菌丝有隔，分生孢子梗亦有隔，顶端不膨大，无顶囊，其分生孢子梗多次分枝，产生对称或不对称的小梗，小顶端有孢子，形如扫帚，称为帚状体

实验五 微生物的革兰氏染色法

一、实验目的

（1）学习并掌握革兰氏染色法。

（2）了解革兰氏染色原理。

（3）巩固显微镜操作技术及无菌操作技术。

二、实验原理

革兰氏染色法是指细菌学中广泛使用的一种重要的鉴别染色法，属于复染法. 这种染色法是由丹麦医生革兰于1884 年所发明，最初是用来鉴别肺炎球菌与克雷伯肺炎菌。革兰染色法一般包括初染、媒染、脱色、复染等四个步骤。未经染色的细菌，由于其与周围环境折光率差别甚小，故在显微镜下极难区别。经染色后，阳性菌呈紫色，阴性菌呈红色，可以清楚地观察到细菌的形态、排列及某些结构特征，从而用以分类鉴定。染色原理：通过结晶紫初染和碘液媒染后，在细菌细胞壁内形成了不溶于水的结晶紫与碘的复合物，再用 95%乙醇脱色，通过结晶紫初染和碘液媒染后，在细胞壁内形成了不溶于水的结晶紫与碘的复合物，革兰氏阳性菌由于其细胞壁较厚、肽聚糖网层次较多且交联致密，故遇乙醇脱色处理时，因失水反而使网孔缩小，再加上它不含类脂，故乙醇处理不会出现缝隙，因此能把结晶紫与碘复合物年牢留在壁内，使其仍呈紫色；而革兰氏阴性菌因其细胞壁薄、外膜层类脂含量高、肽聚糖层薄且交联度差，在遇脱色剂后，以类脂为主的外膜迅速溶解，薄而松散的肽聚糖网不能阻挡结晶紫与碘复合物的溶出。因此通过乙醇脱色后仍呈无色，再经沙黄等红色染料复染，就使革兰氏阴性菌呈红色。

三、实验器材

1. 菌种

大肠埃希菌16h牛肉膏蛋白胨琼脂斜面培养物，金黄色葡萄球菌16h牛肉膏蛋白胨琼脂斜面培养物。

2. 溶液和试剂

一套革兰氏染液包括:草酸铵结晶紫染液、卢戈碘液、95%乙醇、番红复染液；生理盐水。

3. 仪器和其他

酒精灯、载玻片、显微镜、双层瓶（内装香柏油和二甲苯）、擦镜纸、接种环、试管架、镊子、载玻片夹子、载玻片支架、滤纸、滴管和无菌生理盐水等。

四、实验步骤

1. 制片

取活跃生长期菌种按常规方法涂片（不宜过厚）、干燥和固定。

2. 初染

滴加草酸铵结晶紫染液覆盖涂菌部位，染色1~2min后倾去染液，水洗至流出水无色。

3. 媒染

先用卢戈碘液冲去残留水迹，再用碘液覆盖1min，倾去碘液，水洗至流出水无色。

4. 脱色

用吸水纸吸去玻片上残留水，将玻片倾斜，用滴管流加95%乙醇脱色（一般20~30s），当流出液无色时立即用水洗去乙醇。

5. 复染

将玻片上残留水用吸水纸吸去，用番红复染液染色2min，水洗后吸去残水晾干或用电吹风冷风吹干。

6. 镜检

油镜观察。

7.混合涂片染色

在载玻片同一区域用大肠埃希菌和金黄色葡萄球菌混合涂片，其他步骤同上。

五、实验结果

（1）将革兰氏染色结果填入表5-5-1中。

表5-5-1　革兰氏染色结果

菌名	细菌形态	菌体颜色	染色结果（G^+，G^-）
大肠埃希菌			
金黄色葡萄球菌			

（2）绘出油镜下观察的混合区菌体图。

实验六　微生物的芽孢染色法

一、实验目的

（1）学习并掌握芽孢染色法。

（2）了解芽孢的形态特征。

二、实验原理

简单染色法适用于一般的微生物菌体染色，而某些微生物具有一些特殊结构，如芽孢、荚膜和鞭毛，对它们进行观察前需要进行有针对性的染色。

芽孢是芽孢杆菌属、梭菌属和芽孢八叠球菌属细菌生长到一定阶段形成的一种抗逆性很强的休眠体结构，也被称为内生孢子，通常为圆形或椭圆形。是否产生芽孢及芽孢的形状、着生部位、芽孢囊是否膨大等特征是细菌分类的重要指标。与正常细胞或菌体相比，芽孢壁厚，通透性低而不易着色，但芽孢一旦着色就很难被脱色。利用这一特点，首先用着色能力强的染料（如孔雀绿、石炭酸品红）在加热条件下染色（初染），使染料既可进入菌体也可进入芽孢，水洗脱色时芽孢囊和营养细胞中的染料被洗脱，而芽孢中的染料仍然保留。再用对比度大的染料染色（复染）后，芽孢囊和营养细胞染上复染剂颜色，而芽孢仍为原来的颜色，这样就可以清晰地观察芽孢。

三、实验器材

1. 菌种

枯草芽孢杆菌、球形芽孢杆菌。

2. 溶液和试剂

去离子水、50g/L孔雀石绿水溶液、5g/L番红水溶液。

3. 仪器和其他用品

酒精灯、载玻片、盖玻片、显微镜、双层瓶（内装香柏油和二甲苯）、擦镜纸、接种环、小试管、烧杯、试管架、接种铲、接种针、镊子、载玻片夹子、载玻片支架、滤纸、滴管和无菌水等。

四、实验步骤

1. 制片

按常规方法涂片、干燥及固定。

2. 加热染色

向载玻片上滴加数滴50g/L孔雀石绿水溶液覆盖涂菌部位，用夹子夹住载玻片在微火上加热至染液冒蒸汽并维持5min，加热时注意补充染液，切勿让涂片干涸。

3. 脱色

待玻片冷却后，用缓流自来水冲洗至流出水无色为止。

4. 复染

用5g/L番红水溶液复染2min。

5. 水洗

用缓流自来水冲洗至流出水无色为止。

6. 镜检

将载玻片晾干后油镜镜检。芽孢呈绿色，芽孢囊及营养细胞为红色。

五、实验结果

绘图说明枯草芽孢杆菌和球形芽孢杆菌的形态特征（包括芽孢形状、着生位置以及芽孢囊形状等）。

实验七　微生物的氢氧化钾染色法

一、实验目的

了解氢氧化钾（KOH）快速鉴定革兰氏阴性和阳性细菌法。

二、实验原理

KOH快速鉴定革兰氏阴性和阳性菌的方法最早于1938年由刘荣标提出。随后人们利用该方法对多种菌株进行鉴定，并将实验结果与革兰氏染色法的结果进行比较，发现两种方法鉴定结果的一致性很高，甚至用革兰氏染色时，革兰氏阳性菌老龄菌常被染成红色而造成假阴性，而KOH快速鉴定法对老龄菌却能够准确地鉴别出革兰氏阳性菌。该方法的原理：革兰氏阴性菌的细胞壁肽聚糖含量低，类脂质含量高，脂多糖、蛋白质和DNA复合物强碱如KOH能形成黏稠的胶冻状物，可以拉出黏丝来。而革兰氏阳性菌的细胞壁肽聚糖含量高，类脂质含量低，细胞壁坚固，与强碱无以上反应，不能拉出黏丝来，所以KOH法能快速区分革兰氏阴性菌和阳性菌。由于该方法简易、快速、成本低，因此在临床微生物鉴定上具有很大优势。

三、实验器材

1. 菌种

大肠埃希菌16h牛肉膏蛋白胨琼脂斜面培养物、金黄色葡萄球菌16h牛肉膏蛋白胨琼脂斜面培养物。

2. 溶液和试剂

生理盐水、30g/L KOH。

3. 仪器和其他

酒精灯、载玻片、滴管和无菌生理盐水等。

四、实验步骤

（1）用接种环蘸取一小环30g/L KOH溶液（约10μl）放于载玻片上。

（2）用接种环刮取细菌菌苔（肉眼可见）于30g/L KOH溶液中混匀，并不停搅动。

（3）10~60s后，观察菌液是否变成黏稠的胶冻状，并能随接种环搅动的方向移动。慢慢提起接种环，观察能否拉出丝来。菌液变黏稠并能拉出黏丝的为革兰氏阴性菌，菌液不形成黏稠物而仍为悬浊液、不能拉出黏丝的为革兰氏阳性菌。

五、实验结果

将KOH染色结果填入表5-7-1。

表5-7-1 KOH染色结果

菌名	是否拉丝	是否黏稠	染色结果（G^+，G^-）
大肠埃希菌			
金黄色葡萄球菌			

实验八 微生物的荚膜染色法

一、实验目的

（1）学习并掌握荚膜染色法。

（2）了解荚膜的形态特征。

二、实验原理

简单染色法适用于一般的微生物菌体染色，而某些微生物具有一些特殊结构，如芽孢、荚膜和鞭毛，对它们进行观察前需要进行有针对性的染色。

荚膜是包裹在某些细菌细胞外的一层黏液状或胶状物质，含水量很高，其他成分主要为多糖、多肽或糖蛋白等。荚膜与染料的亲和力弱，不易着色，且颜色容易被水洗去，因此常用负染法进行染色，即背景着色而荚膜不着色，在深色背景下呈现发亮的荚膜区域（类似透明圈）。也可以采用安东尼（Anthony）染色法，首先用结晶紫初染，使细胞和荚膜都着色，随后用硫酸铜水溶液洗，由于英膜对染料亲和力差而被脱色，硫酸铜还可以吸附在荚膜上使其呈现淡蓝色，从而与深紫色菌体区分。

三、实验器材

1. 菌种

圆褐固氮菌。

2. 溶液和试剂

绘图墨水（滤纸过滤后使用）、10g/L甲基紫水溶液、10g/L结晶紫水溶液、60g/L葡萄糖水溶液、200g/L硫酸铜水溶液、甲醇。

3. 仪器和其他用品

酒精灯、载玻片、盖玻片、接种环、接种针、镊子、载玻片夹子、载玻片支架、滤纸、滴管和无菌水等。

四、实验步骤

1. 负染法

（1）载玻片准备:用乙醇清洗载玻片，彻底去除油迹，用火焰烧去玻片上的残余乙醇。

（2）制片：在载玻片一端滴一滴60g/L葡萄糖水溶液，无菌操作取少量菌体于其中混匀，再用接种环取一环绘图墨水于其中充分混匀。另取一块载玻片作为推片，将推片一端与混合液接触，轻轻左右移动使混合液沿推片散开，然后以约30° 迅速向载玻片另一端推动，使混合液在载玻片上铺成薄膜。

（3）干燥：将载玻片在空气中自然干燥。

（4）固定：滴加甲醇覆盖载玻片，1min后倾去甲醇。

（5）干燥：将载玻片在空气中自然干燥。

（6）染色：在载玻片上滴加10g/L甲基紫水溶液染色1~2min。

（7）水洗：用自来水缓慢冲洗。自然干燥。

（8）镜检：用低倍镜和高倍镜镜检观察。背景灰色，菌体紫色，菌体周围的清晰透明圈为荚膜。

2. Anthony染色法

（1）涂片：按常规方法取菌涂片。

（2）固定：将载玻片在空气中自然干燥。

（3）染色：用10g/L结晶紫水溶液覆盖涂菌区域染色2min。

（4）脱色：倾去结晶紫水溶液后，用200g/L硫酸铜水溶液冲洗，用吸水纸吸干残液，自然干燥。

（5）镜检：用油镜镜检观察。菌体呈深紫色，菌体周围的荚膜呈淡紫色。

五、实验结果

绘图并说明圆褐固氮菌菌体及荚膜形态特征。

实验九　牛肉膏蛋白胨培养基（完全培养基）

一、实验目的

（1）学习并掌握培养基的配制原理。

（2）通过配制牛肉膏蛋白胨培养基，掌握配制培养基的一般方法和步骤。

二、实验原理

牛肉膏蛋白胨培养基是一种应用最广泛和最普通的细菌基础培养基，有时又称为普通培养基。由于这种培养基中含有一般细菌生长繁殖所需要的最基本的营养物质，所以可供作微生物生长繁殖之用。基础培养基含有牛肉膏、蛋白胨和氯化钠（NaCl）。其中牛肉膏为微生物提供碳源、能源、磷酸盐和维生素，蛋白胨主要提供氮源和维生素，而NaCl作为无机盐。

由于这种培养基多用于培养细菌，因此要用稀酸或稀碱将其pH值调至中性或微碱性，以利于细菌的生长繁殖。在配制固体培养基时还要加入一定量琼脂作凝固剂。

三、实验器材

1. 溶液和试剂

牛肉膏、蛋白胨、NaCl、琼脂、1mol/L 氢氧化钠（NaOH）、1mol/L 氯化氢（HCl）。

2. 仪器和其他用品

试管、三角烧瓶、烧杯、量筒、玻璃棒、培养基分装器、天平、牛角匙、高压蒸汽灭菌锅、pH试纸（pH值5.5~9.0）、棉花、牛皮纸（或铝箔）、记号笔、麻绳和纱布等。

四、实验步骤

牛肉膏蛋白胨培养基的配方如下：

牛肉膏	3.0g
蛋白胨	10.0g
NaCl	5.0g
水	1000ml
pH值	7.4~7.6

1. 称量

根据用量按比例依次称取成分，牛肉膏常用玻棒挑取，放在小烧杯或表面皿中称量，用热水溶化后倒入烧杯，蛋白胨易吸湿，称量时要迅速。

2. 融化

在烧杯中加入少于所需要的水量，加热，逐一加入各成分，使其溶解，琼脂在溶液煮沸后加入，融化过程需不断搅拌。加热时应注意火力，勿使培养基烧焦或溢出。溶好后，补足所需水分。配制培养基时，不可用铜或铁锅加热融化，以免离子进入培养基中，影响细菌生长。

3. 调节pH

在未调pH前，先用精密pH试纸测量培养基的原始pH值，如果偏酸，用滴管向培养基中逐滴加入1mol/L NaOH溶液，边加边搅拌，并随时用pH试纸测其pH值，直至pH值达到7.4~7.6，反之，用1 mol/L HCI溶液进行调节。

对于有些要求pH值较精确的微生物，其pH值的调节可用酸度计进行（使用方法可参考有关说明书）。

注意：pH值不要调过量，以免因回调而影响培养基内各离子的浓度。配制pH值低的琼脂培养基时，若预先调好培养基pH值并在离压蒸汽下灭菌，则琼脂因水解不能凝固。因此，应将培养基的其他成分和琼脂分开灭菌后再混合，或在中性pH条件下灭菌，再调节pH值。

4. 过滤

趁热用滤纸或多层纱布过滤，以利某些实验结果的观察。一般无特殊要求的情况下，这一步可以省去（本实验无须过滤）。

5. 分装

按实验要求，可将配制好的培养基分装入试管内或者三角烧瓶内。

（1）液体分装:分装高度以试管高度的1/4左右为宜。分装三角烧瓶的量则根据需要而定，一般以不超过三角烧瓶容积的1/2为宜，如果是用于振荡培养，则根据通气量的要求酌情减少，有的液体培养基在灭菌后，需要补加一定量的其他无菌成分，如抗生素等，则装量一定要准确。

（2）固体分装:分装试管，其装量不超过管高的1/3，灭菌后制成斜面。分装三角烧瓶的量以不超过三角烧瓶容积的1/2为宜。

（3）半固体分装:试管一般以试管高度的1/3为宜，灭菌后垂直待凝。

注意：分装过程中，不要使培养基粘在管（瓶）口上，以免玷污棉塞而引起污染。

6. 加塞

培养基分装完毕后，在试管口或三角烧瓶口上塞上棉塞（或硅胶塞、试管帽等），以阻止外界微生物进入培养基内而造成污染。

7. 包扎

棉塞头上包一层牛皮纸，扎紧。

8. 灭菌

将上述培养基以0.1MPa下121℃持续20min高压蒸汽灭菌。

9. 搁置斜面

将灭菌的试管培养基冷却至50℃左右（以防斜面上冷凝水太多），将试管口端搁在玻璃棒或其他合适高度的器具上，搁置的斜面长度以不超过试管总长的2/3为宜。

10. 无菌检查

将灭菌培养基放入37℃的温室中培养24~48 h，以检查灭菌是否彻底。

五、实验结果

思考题

（1）培养基配置好后为什么要立即灭菌?

（2）如何检查灭菌后的培养基是否为无菌?

实验十　高氏一号培养基（无氮培养基）

一、实验目的

通过配制高氏一号培养基，掌握配制无氮合成培养基的一般办法。

二、实验原理

高氏一号培养基是用来培养和观察放线菌形态特征的合成培养基。如果加入适量的抗菌药物（如各种抗生素、苯酚等），则可用来分离各种放线菌。此合成培养基的主要特点是含有多种已知化学成分的无机盐，这些无机盐可能相互作用而产生沉淀。如高氏一号培养基中的磷酸盐和镁盐相互混合时易产生沉淀，因此，在混合培养基成分时，一般是按配方的顺序依次溶解各成分，甚至有时还需要将2种或多种成分分别灭菌，使用时再按比例混合。此外，有的合成培养基还要补加微量元素，如高氏一号培养基中七水硫酸亚铁的用量只有0.01g/L，因此在配制培养基时需预先配成高浓度的七水硫酸亚铁贮备液，然后再按需添加一定的量到培养基中。

三、实验器材

1.溶液和试剂

可溶性淀粉、硝酸钾、NaCl、磷酸氢二钾、七水硫酸镁、七水硫酸亚铁、琼脂、1mol/L NaOH 、1mol/L HCl。

2.仪器和其他用品

试管、三角烧瓶、烧杯、量筒、玻璃棒、培养基分装器、天平、牛角匙、高压蒸汽灭菌锅、棉花、牛皮纸（或铝箔）、记号笔、麻绳或橡皮筋、纱布等。

四、实验步骤

高氏一号培养基的配方如下：

可溶性淀粉　　20.0g

NaCl　　0.5g

硝酸钾　　1.0g

磷酸氢二钾	0.5g
七水硫酸镁	0.5g
七水硫酸亚铁	0.01g
琼脂	15.0~25.0g
水	1000ml
pH值	7.4~7.6

1. 称量和溶化

按配方先称取可溶性淀粉，放入小烧杯中，并用少量冷水将淀粉调成糊状，再加入比所需水量少的沸水中，继续加热，使可溶性淀粉完全溶化。然后再称取其他各成分依次溶化。对微量成分七水硫酸亚铁可先配成高浓度的贮备液，按比例换算后再加入，方法是先在100ml水中加入1g的七水硫酸亚铁，配成0.01g/ml，再在1000ml培养基中加1ml的0.01g/ml的贮备液即可。

待所有药品完全溶解后，补充水分到所需的总体积。如要配制固体培养基，其融化过程同实验九。

2. pH调节、分装、包扎、灭菌及无菌检查

操作同实验九。

五、实验结果

思考题：

（1）配制合成培养基加入微量元素时最好用什么方法加入？天然培养基为什么不需要另加微量元素？

（2）有人认为自然环境中微生物是生长在不按比例构成的基质中，为什么在配制培养基时要注意各种营养成分的比例？

（3）配制的高氏一号培养基有沉淀产生吗？说明产生或未产生的原因。

（4）细菌能在高氏一号培养基上生长吗？为了分离放线菌，应该采取什么措施？

实验十一　LB培养液（液体培养基）

一、实验目的

掌握LB培养基的配制方法，明确LB培养基的用途。

二、实验原理

LB培养基是微生物学实验中最常用的培养基，用于培养大肠埃希菌等细菌，其分为液态或是加入琼脂制成的固态两种形态。加入抗生素的LB培养基可用于筛选以大肠埃希菌为宿主的克隆。

尽管该培养基的名称被广泛解释为Luria-Bertani培养基，然而根据其发明人贝尔塔尼（Giuseppe Bertani）的说法，这个名字来源于英语的“lysogeny broth”，即溶菌肉汤。

三、实验器材

1. 溶液和试剂

胰蛋白胨、酵母提取物、NaCl、双蒸水、5mol/L NaOH。

2. 仪器和其他用品

试管、三角烧瓶、烧杯、量筒、玻璃棒、培养基分装器、天平、牛角匙、pH试纸、高压蒸汽灭菌锅、棉花、牛皮纸（或铝箔）、记号笔、麻绳或橡皮筋、纱布等。

四、实验步骤

LP培养基的配方如下：

胰蛋白胨	10g
酵母提取物	5g
NaCl	10g
双蒸水	1L
pH值	7.2

（1）称量：分别称取胰蛋白胨10g、酵母提取物5g和NaCl 10g，置于烧杯中。

（2）溶化：加入600ml蒸馏水于烧杯中，用玻璃棒搅拌，使药品全部溶化。

（3）调节pH值 ：用1mol/L NaOH溶液调节pH值至7.2。

（4）定容：将溶液倒入量筒中，加水至1000ml。

（5）分装、加塞、包扎。

（6）高压蒸汽灭菌：0.1MPa灭菌20min。

五、实验结果

思考题

（1）LB培养基的主要用途有哪些？

（2）酵母提取物的作用有哪些？

实验十二　血平板（加富培养基）

一、实验目的

掌握血液琼脂培养基的配制方法，明确血液培养基的用途。

二、实验原理

血液培养基是一种含有脱纤维动物血（一般用兔血或羊血）的牛肉膏蛋白胨培养基。不仅能提供培养细菌所需要的各种营养，该培养基还能提供辅酶（如V因子）、血红素（如X因子）等特殊生长因子。因此，血液培养基常用于培养、分离和保存对营养要求苛刻的某些病原微生物。此外，这种培养基还可用来测定细菌的溶血作用。

三、实验器材

1. 溶液和试剂

牛肉膏、蛋白胨、NaCl、琼脂、1molL NaOH、1mol/L HCl、无菌脱纤维兔血（或羊血）。

2. 仪器和其他用品

三角烧瓶、装有5~10粒玻璃珠（直径3mm）的无菌三角烧瓶、无菌注射器、无菌平皿、量筒、玻璃棒、培养基分装器、天平、牛角匙、高压蒸汽灭菌锅、pH试纸（pH值5.5~9.0）、棉花、牛皮纸（或铝箔）、记号笔、麻绳、纱布等。

四、实验步骤

血液琼脂培养基的配方如下：

牛肉膏	3.0g
蛋白胨	10.0g
NaCl	5.0g
水	1000ml
pH值	7.4~7.6
无菌脱纤维兔血（或羊血）	100ml

（1）根据实验九制备牛肉膏蛋白胨琼脂培养基。

（2）将牛肉膏蛋白胨琼脂培养基融化，待冷却至45~50℃时，以无菌操作按10%体积添加无菌纤维兔血（或羊血）于培养基中，立即轻摇振荡，使血液和培养基充分混匀。

注意：45~50℃时加入血液是为了保存其中某些不耐热的营养物质和保持血细胞的完整，以便于观察细菌的溶血作用，同时，在此温度时琼脂不会凝固。

（3）迅速以无菌操作倒入无菌平皿，制成血液琼脂平板。注意不要产生气泡。

（4）置37℃过夜，如无菌生长即可使用。

五、实验结果

思考题：

（1）在培养、分离和保存病原微生物时，为什么培养基中要加入脱纤维血液？

（2）在制备血液培养基时，所加入的血液不经脱纤维处理可以吗？为什么？

实验十三　PDA培养基

一、实验目的

掌握PDA培养基的配制方法，明确PDA培养基的用途。

二、实验原理

PDA培养基是人们对马铃薯葡萄糖琼脂培养基的简称，即Potato Dextrose Agar（Medium），依次对应马铃薯、葡萄糖、琼脂的英文。PDA培养基是一种常用的培养基，宜培养酵母菌、霉菌、蘑菇等真菌。

三、实验器材

1. 溶液和试剂

土豆、葡萄糖、琼脂、双蒸水。

2. 仪器和其他用品

试管、三角烧瓶、烧杯、量筒、玻璃棒、培养基分装器、天平、牛角匙、pH试纸、高压蒸汽灭菌锅、棉花、牛皮纸（或铝箔）、记号笔、麻绳或橡皮筋、纱布等。

四、实验步骤

LP培养基的配方如下：

土豆	200g
葡萄糖	20g
琼脂	15~20g
双蒸水	1L
pH值	自然

1. 称量和熬煮

按培养基配方逐一称取去皮土豆。土豆切成小块放入锅中，加水1000ml，在加热器上加热至沸腾，维持20~30min，可用2层纱布趁热在量杯上过滤，滤渣弃去，滤液补充水分到1000ml。

2. 加热溶解

把滤液放入锅中，加入葡萄糖20g，琼脂15~20g（提前磨碎），然后放在石棉网上，小火加热，并用玻璃棒不断搅拌，以防琼脂糊底或溢出，待琼脂完全溶解后，再补充水分至所需量。

3. 分装

将配制的培养基分装入试管或500ml三角瓶内。分装时可用三角漏斗以免使培养基粘在管口或瓶口上造成污染。分装量：固体培养基约为试管高度的1/5，灭菌后制成斜面，分装入三角瓶内以不超过其容积的一半为宜；半固体培养基以试管高度的1/3为宜，灭菌后垂直待凝。

4. 加棉塞

培养基分装完毕后，在试管口或三角烧瓶口上塞上棉塞（或泡沫塑料塞或试管帽等），以阻止外界微生物进入培养基内造成污染，并保证有良好的通气性能。

5. 包扎

加塞后，将全部试管用麻绳或橡皮筋捆好，在棉塞外包一层牛皮纸，以防止灭菌时冷凝水润湿棉塞，其外再用一道线绳或橡皮筋扎好，用记号笔注明培养基名称、组别、配制日期。

6. 灭菌

高压蒸汽灭菌，0.1MPa灭菌20min。

五、实验结果

思考题：如何检查灭好菌的PDA平板是无菌状态？

第七章

灭菌技术

实验十四　干热灭菌

一、实验目的

（1）了解干热灭菌的原理和应用范围。

（2）学习干热灭菌的操作技术。

二、实验原理

干热灭菌法是指在干燥环境（如火焰或干热空气）下进行灭菌的技术。高温能破坏菌体蛋白质与核酸中的氢键，使蛋白质变性或凝固、核酸破坏、酶失去活性，直至微生物死亡。细胞内的蛋白质凝固性与其本身的含水量有关，在菌体受热时，环境和细胞内含水量越大，则蛋白质凝固就越快，反之，含水量越小，凝固越慢。因此，与湿热灭菌相比，干热灭菌所需温度高（160~170℃），时间长（1~2h）。但干热灭菌温度不能超过180℃，否则包器皿的纸或棉塞就会烧焦，甚至引起燃烧。

三、实验器材

培养皿（6套/包）、电热干燥箱等。

四、实验步骤

干热灭菌有火焰灼烧灭菌和热空气灭菌两种。火焰灼烧灭菌适用于接种环、接种针和金属用具如镊子等，无菌操作时的试管口和瓶口也可在火焰上做短暂灼烧灭菌。涂布平板用的玻璃涂棒也可在浇有乙醇后进行灼烧灭菌。通常所说的干热灭菌是在电热干燥箱内利用高温干燥空气（160~170℃）进行灭菌，此法适用于玻璃器皿，如吸管和培养皿等的灭菌。培养基、橡胶制品、塑料制品不能采用干热灭菌方法。

1. 装入待灭菌物品

将包好的待灭菌物品（如培养皿、试管、吸管等）放入电热干燥箱内，关好箱门。

注意：物品不要摆得太挤，以免妨碍空气流通，灭菌物品不要接触电热干燥箱内壁的铁板，以防包装纸烤焦起火。

2. 设置温度

接通电源，按下设置按钮或开关，通过调节按钮将温度设置为160~170℃，再将测量按钮按下或将开关拨到测量位置，这时温度显示数字逐渐上升，表明开始加温。

3. 恒温

当温度升到160~170℃时，恒温调节器可自动控制，保持此温度2h。

注意：干热灭菌过程中，严防恒温调节的自动控制失灵而造成安全事故。电热干燥箱具有可以观察的窗口，灭菌过程中观察窗口玻璃温度较高，注意避免烫伤。

4. 降温

切断电源，等其自然降温。

5. 开箱取物

待电热干燥箱内温度降到70℃以下后，打开箱门，取出灭菌物品。

注意：电热干燥箱内温度未降到70℃以前，切勿自行打开箱门，以免骤然降温导致玻璃器皿炸裂。

五、实验结果

检测干热灭菌效果是否彻底。

实验十五　高压蒸汽灭菌

一、实验目的

（1）了解高压蒸汽灭菌的原理和应用范围。

（2）学习高压蒸汽灭菌的操作技术。

二、实验原理

高压蒸汽灭菌是将待灭菌的物品放在一个密闭的加压灭菌锅内，通过加热，使灭菌锅隔套间的水沸腾而产生蒸汽。待水蒸气将锅内的冷空气从排气阀中驱尽，然后关闭排气阀，继续加热，由于蒸汽不能溢出，增加了灭菌器内的压力，从而使沸点增高，得到高于100℃的温度，导致菌体蛋白质凝固变性，从而达到灭菌的目的。

在同一温度下，湿热的杀菌效力比干热大。其原因有三：① 湿热中细菌菌体吸收水分，蛋白质较易凝固（因蛋白质含水量增加，所需凝固温度降低）。② 湿热的穿透力比干热大。③ 湿热的蒸汽有潜热存在。1g水在100℃时，由气态变为液态时可放出2.26kJ的热量。这种潜热，能迅速提高被灭菌物体的温度，从而增加灭菌效率。

在使用高压蒸汽灭菌锅灭菌时，灭菌锅内冷空气的排除是否完全极为重要，因为空气大于水蒸气的膨胀压，所以当水蒸气中含有空气时，在同一压力下，含空气蒸汽的温度低于饱和蒸汽的温度。

一般培养基用0.1MPa（1.05kg/cm^2）、121℃灭菌15~30min可达到彻底灭菌的目的。灭菌的温度及维持的时间随灭菌物品的性质和容量等具体情况而有所改变。例如，含糖培养基用0.06MPa（0.59kg/cm^2）113℃灭菌15min，但为了保证效果，可将其他成分先行121℃、20min灭菌，然后以无菌操作手续加入灭菌的糖溶液。又如盛于试管内的培养基以0.1MPa、121℃灭菌20min即可，而盛于大瓶内的培养基最好以0.1MPa、121℃灭菌30min。

实验中常用的高压蒸汽灭菌锅有卧式和手提式2种。其结构和工作原理相同，本实验以手提式高压蒸汽灭菌锅为例，介绍其使用方法。有关全自动高压蒸汽灭菌锅的使用可参照厂家说明书。

三、实验器材

1. 培养基

牛肉膏蛋白胨培养基。

2. 仪器和其他用品

培养皿（6套/包）、试管、吸管、手提式（或全自动）高压蒸汽灭菌锅、镊子等。

四、实验步骤

高压蒸汽灭菌法是将物品放在密闭的高压蒸汽灭菌锅内0.1MPa保持15~30min进行灭菌。时间的长短可根据灭菌物品种类和数量的不同而有所变化，以达到彻底灭菌为准。这种灭菌适用于培养基、工作服、橡胶物品等的灭菌，也可用于玻璃器皿的灭菌。

（1）首先取出内层锅，再向外层锅中加入适量的水，使水面与三角搁架相平为宜。

注意：切勿忘记加水，同时加水量不可过少，以防灭菌锅烧干而引起炸裂事故。

（2）放回内层锅，并装入待灭菌物品。注意不要装得太挤，以免妨碍蒸汽流通而影响灭菌效果。三角烧瓶与试管口均不要与桶壁接触，以免冷凝水淋湿包口的纸而透入棉塞。

（3）加盖，并将盖上的排气软管插入内层锅的排气槽内。再以两两对称的方式同时旋紧相对的两个螺栓，使螺栓松紧一致，勿使漏气。

（4）用电炉或煤气加热（如有内置加热装置，则接通电源进行加热），并同时打开排气阀，使水沸腾以排除锅内的冷空气。待冷空气完全排尽后，关闭排气阀，让锅内的温度随蒸汽压力增加而逐渐上升。当锅内压力升到所需压力时，控制热源，维持压力至所需时间。本实验用0.1MPa。

注意：灭菌的主要因素是温度而不是压力，因此锅内冷空气必须完全排尽后，才能关上排气阀，维持所需压力。

（5）灭菌所需时间到后，切断电源或关闭煤气，使灭菌锅内温度自然下降，当压力表的压力至“0”时，打开排气阀，旋松螺栓，打开盖子，取出灭菌物品。

注意：压力一定要降到“0”时，才能打开排气阀，开盖取物。否则就会因锅内压力突然下降，使容器内的培养基由于内外压力不平衡而冲出烧瓶口或试管口，造成棉塞沾染培养基而发生污染，甚至烫伤操作者。

（6）将取出的灭菌培养基放入37℃恒温箱内培养24h，经检查若无杂菌生长，即可待用。

五、实验结果

1. 结果

检查培养基高压蒸汽灭菌是否彻底。

2. 思考题

（1）高压蒸汽灭菌开始之前，为什么要将锅内冷空气排尽？灭菌完毕后，为什么待压力降低“0”时才能打开排气阀并开盖取物？

（2）在使用高压蒸汽灭菌锅灭菌时，如何杜绝一切可能导致灭菌不完全的因素？

（3）黑曲霉的孢子与芽孢杆菌的芽孢对热的抗性哪个更强？为什么？

实验十六　紫外线灭菌

一、实验目的

（1）了解紫外线灭菌的原理和应用范围。

（2）学习紫外线灭菌的操作技术。

二、实验原理

紫外线灭菌是用紫外线灯进行的。用于紫外线灭菌的波长一般为200~300nm，其中265~266nm紫外线的杀菌力最强。在波长一定的条件下，紫外线的杀菌效率与强度和时间的乘积成正比。紫外线杀菌的原理主要是因为它诱导了胸腺嘧啶二聚体的形成和DNA链的交联，从而抑制了DNA的复制。另一方面，由于辐射能使空气中的氧电离成[O]，再使O_2氧化生成臭氧（O_3）或使水氧化生成过氧化氢（H_2O_2）。O_3和H_2O_2均有杀菌作用。紫外线穿透力不强。所以，只适用于无菌室、接种箱、手术室内的空气及物体表面的灭菌。紫外线灯距照射物以不超1.2m为宜。

此外，为了加强紫外线灭菌效果，在打开紫外灯以前，可在无菌室内（或接种箱内）喷洒30~50g/L石炭酸溶液，一方面使空气中附有微生物的尘埃降落，另一方面也可以杀死一部分细菌。无菌室内的桌面、凳子可用2%~3%的来苏水擦洗，然后再开紫外线灯照射，可增强杀菌效果，达到灭菌目的。

三、实验器材

1. 培养基

牛肉膏蛋白胨培养基。

2. 溶液和试剂

30~50g/L石炭酸或2%~3%来苏水溶液。

3. 仪器和其他用品

无菌平皿、紫外灯。

四、实验步骤

波长在200~300nm的紫外线具有杀菌作用，其中以波长265~266nm的紫外线杀菌力最强。此波长的紫外线易被细胞中核酸吸收，造成细胞损伤而杀菌。紫外线灭菌在微生物工作及生产实践中应用较广，无菌室或无菌接种箱空气可用紫外线灯照射灭菌。

1. 制备牛肉膏蛋白胨平板

方法同实验九。

2. 单用紫外线照射

（1）无菌室内或在超净工作台内打开紫外线灯开关，照射30min后将开关关闭。

（2）将牛肉膏蛋白胨平板盖打开15min，然后盖上皿盖。置37℃培养24h。共做3套。

（3）检查每个平板上生长的菌落数。如果不超过4个，说明灭菌效果良好，否则，需延长照射时间或同时加强其他措施。

3. 化学消毒剂与紫外线照射结合使用

（1）在无菌室内，先喷洒30~50g/L的石炭酸溶液，再用紫外线灯照射15min。

（2）无菌室内的桌面、凳子用2%~3%来苏水擦洗，再打开紫外线灯照射15min。

（3）检查灭菌效果：方法同“单用紫外线照射”。

五、实验结果

将实验结果填入表7-16-1。

表 7-16-1　紫外线灭菌实验结果

处理方法	平板菌落数			灭菌效果比较
	1	2	3	
紫外线照射				
30~50g/L 石炭酸 + 紫外线照射				
2%~3% 来苏水 + 紫外线照射				

实验十七　滤膜灭菌

一、实验目的

（1）了解微孔滤膜过滤除菌的原理和应用范围。

（2）学习微孔滤膜过滤除菌的操作技术。

二、实验原理

过滤除菌是通过机械作用滤去液体或气体中细菌的方法。根据不同的需要选用不同的滤器和滤板材料。微孔滤膜过滤器由上下两个分别具有出口和入口连接装置的塑料盖盒组成，出口处可连接针头，入口处连接针筒，使用时将滤膜装入两塑料盖盒之间，旋紧盒盖，当溶液从针筒注入滤器时，此滤器将各种微生物阻留在微孔滤膜上面，从而达到除菌的目的。根据待除菌溶液量的多少，可选用不同大小的滤器。此法除菌的最大优点是可以不破坏溶液中各种物质的化学成分，但由于过滤量有限，所以一般只适用于实验室中少量溶液的过滤除菌。

三、实验器材

1. 溶液和试剂

20g/L的葡萄糖溶液。

2. 仪器和其他用品

注射器、微孔滤膜过滤器、0.22μm滤膜、镊子等

四、实验步骤

许多材料（如血清、抗生素及糖溶液等）用加热消毒灭菌方法时，有效成分会被高温破坏，因此可采用过滤除菌的方法。应用最广泛的过滤器包括：① 蔡氏（Seitz）过滤器，该滤器是由石棉制成的圆形滤板和一个特制的金属（银或铝）漏斗组成，分上、下两节，过滤时，用螺旋把石棉板紧紧夹在上、下两节滤器之间，然后将溶液置于滤器抽滤。每次过滤必须用一张新的滤板。根据孔径大小分为3种型号：K型最大，做一般澄清；EK型滤孔较小，用来除去一般细菌；EK-S型滤孔最小，可阻止大病毒通过，使用时可根据需要选用。② 微孔滤膜过滤器，其滤膜是用醋酸纤维酯和硝酸纤维酯的混合物制成的薄膜。按孔径微米值分为0.025、0.05、0.10、0.20、0.22、0.30、0.45、0.60、0.65、0.80、1.00、2.00、3.00、5.00、7.00、8.00和10.00。过滤时，液体和小分子物质通过，细菌则被截留在滤膜上。实验室中用于除菌的微孔滤膜孔径一般为0.22μm，但若要将病毒除掉，则需要更小孔径的微孔滤膜。微孔滤膜不仅可以用于除菌，还可用来测定液体或气体中的微生物，如水的微生物检查。

过滤除菌法应用十分广泛，除实验室用于某些溶液、试剂的除菌外，在微生物工业上所用的大量无菌空气以及微生物工作使用的净化工作台，都是根据过滤除菌的原理设计的。

1. 组装，灭菌

将0.22μm孔径的滤膜装入清洗干净的塑料滤器中，旋紧压平，包装灭菌后使用（0.1MPa、121℃灭菌20min）。

2. 连接

将灭菌滤器的入口在无菌条件下，以无菌操作方式连接于装有待滤溶液（20g/L葡糖溶液）的注射器上，将无菌针头与出口处连接并插入带橡皮塞的无菌试管中。

3. 压滤

将注射器中的待滤溶液加压缓缓挤入、过滤到无菌试管中，过滤完毕，将针头拔出。

4. 无菌检查

无菌操作吸取除菌滤液0.1ml于牛肉膏蛋白胨平板上，涂布均匀，置37℃温室中培养24h，检查是否有菌生长。

5. 清洗

弃去塑料滤器上的微孔滤膜，将塑料滤器清洗干净，更换一张新的微孔滤膜，组装包扎，再经灭菌后使用。

五、实验结果

1. 结果

检查微孔滤膜过滤除菌效果。

2. 思考题

（1）做的过滤除菌实验效果如何？如果经培养检查有杂菌生长，是什么原因造成的？

（2）如果需要配制一种含有某种抗生素的牛肉膏蛋白胨培养基，其抗生素的终质量浓度（或工作浓度）为50μg/ml，如何操作？

（3）过滤除菌应注意哪些事项？

第八章

操作技术

实验十八　无菌操作技术

一、实验目的

（1）熟练掌握培养基的制备、灭菌方法。

（2）熟练掌握干热灭菌和高压蒸汽灭菌的操作方法

二、实验原理

微生物多种多样且无处不在，存在于我们周围和我们身体的许多部位，但我们却看不见它们。当我们进行微生物操作时，它们随时可能在我们完全不知晓的情况下，潜入目的培养物，造成严重的污染，使实验失败，给生产造成巨大的损失。因为在科学研究和生产实践中，使用的微生物必须是单一的纯种或菌株，杂菌（非目的菌）是其大敌，因此建立“无菌概念”和掌握一套过硬的“无菌操作技术”是每一名初学微生物学者必须经受的最基本训练。这里所指的“无菌概念”是一种习惯用语，实际上就是“有菌概念”，也就是在我们头脑中树立“处处有菌”的思想，使目的微生物“无（杂）菌”污染，也使我们进一步体会到环境卫生的重要性。所谓“无菌操作”是指在微生物操作过程中，除了使用的容器、用具（如试管、三角烧瓶、平皿和吸管等）和培养基必须进行严格的灭菌处理外，还要通过一定的技术来保证目的微生物在转移过程中不被环境中的微生物污染。

三、实验器材

1. 仪器和其他用具

天平、高压蒸汽灭菌锅、移液管、试管、烧杯、量筒、三角瓶、培养皿、玻璃漏斗、药匙、称量纸、pH试纸、记号笔、棉花等。

2. 实验试剂

待配各种培养基的组成成分、琼脂、1mol/L的NaOH和HCl溶液。

四、实验步骤

1. 玻璃器皿的洗涤和包装

1）玻璃器皿的洗涤

玻璃器皿在使用前必须清洗干净。将三角瓶、试管、培养皿、量筒等浸入含有洗涤剂的水中，用毛刷刷洗，然后用自来水及蒸馏水冲净，必要时可用乙醇冲洗。洗刷干净的玻璃器皿置于烘箱中烘干后备用。

2）包扎

（1）培养皿的包扎：培养皿由一盖一底组成一套，用报纸将10套培养皿包成一包。

（2）移液管的包扎：在移液管距管口0.5cm左右上端塞入一小段（约1-1.5cm）棉花（勿用脱脂棉），它的作用是避免外界及口中杂菌进入管内，并防止菌液等吸入口中。塞棉花时，可用一外围拉直的曲别针、将少许棉花塞入管口内。棉花要塞得松紧适宜，以吹时能通气而又不使棉花滑下为准。先将报纸裁成宽约5cm的长纸条，然后将已塞好棉花的移液管尖端放在长条报纸的一端，约成45°角，折叠纸条包住尖端，用左手握住移液管身，右手将移液管压紧，在桌面上向前搓转，以螺旋式包扎起来。上端剩余纸条，折叠打结，准备灭菌。

2. 液体及固体培养基的配制过程

1）液体培养基配制

（1）称量：先按培养基配方计算出各成分的用量，再用电子天平称量配制培养基所需的各种药品。

（2）溶解：将称好的药品置于一烧杯中，加入少量水，用玻璃棒搅动，加热溶解。

（3）定容：待全部药品溶解后，倒入一定容瓶中，加水至所需体积。如某种药品用量太少时，可预先配成较浓溶液，然后按比例吸取一定体积溶液，加入至培养基中。

（4）调节pH值：一般用pH试纸测定培养基的pH。如培养基偏酸或偏碱时，可用1mol/L NaOH或1mol/L HCl溶液进行调节。调节pH值时，应逐滴加入NaOH或

HCl溶液，防止局部过酸或过碱破坏培养基中成分。边加边搅拌，并不时用pH试纸测试，直至达到所需pH值为止。

（5）过滤：用滤纸或多层纱布过滤培养基。一般无特殊要求时，此步可省去。

2）固体培养基的配制

配制固体培养基时，应将已配好的液体培养基加热煮沸，再将称好的琼脂（2%）加入，并用玻璃棒不断搅拌，以免糊底烧焦。继续加热直至琼脂全部融化，最后补足因蒸发而失去的水分。

3. 培养基的分装

根据不同需要，将已配好的培养基分装入试管或三角瓶内，分装时注意不要使培养基沾染管口或瓶口，造成污染。如操作不小心，培养基沾染管口或瓶口时，可用镊子夹一小块脱脂棉，擦去管口或瓶口的培养基，并将脱脂棉弃去。

1）试管的分装

取一个玻璃漏斗，装在铁架上，漏斗下连一根橡皮管，橡皮管下端再与另一玻璃管相接，橡皮管的中部加一弹簧夹。分装时，用左手拿住空试管中部，并将漏斗下的玻璃管嘴插入试管内，以右手拇指及示指开放弹簧夹，中指及无名指夹住玻璃管嘴，使培养基直接流入试管内。装入试管培养基的量视试管大小及需要而定，若所用试管大小为15mm × 150mm时，液体培养基可分装至试管高度的1/4左右为宜；如分装固体或半固体培养基时，在琼脂完全融化后，应趁热分装于试管中。用于制作斜面的固体培养基的分装量为管高的1/5（3~4ml），半固体培养基分装量为管高的1/3为宜。

2）三角瓶的分装

用于振荡培养微生物时，可在250ml三角瓶中加入50ml的液体培养基；若用于制作平板培养基用时，可在250ml三角瓶中加入150ml培养基，然后再加入3g琼脂粉（按2%计算），灭菌时瓶中琼脂粉同时被融化。

4. 棉塞的制作及试管、三角瓶的包扎

为了培养好气性微生物，需提供优良通气条件，同时为防止杂菌污染，必须对通入试管或三角瓶内的空气预先进行过滤除菌。通常方法是在试管及三角瓶口加上棉花塞等。

5. 平板的制作

将装在三角瓶或试管中已灭菌的琼脂培养基融化后，待冷至50℃左右倾入无菌培养皿中。温度过高时，皿盖上的冷凝水太多；温度低于50℃，培养基易于凝固而无法制作平板。

平板的制作应在火焰旁进行，左手拿培养皿，右手拿三角瓶的底部或试管，左手同时用小指和手掌将棉塞打开，灼烧瓶口，用左手大拇指将培养皿盖打开一缝，至瓶口正好伸入，倾入10~15ml培养基，迅速盖好皿盖，置于桌上，轻轻旋转平皿，使培养基均匀分布于整个平皿中，冷凝后即成平板。

6. 培养基的灭菌处理

利用高压水蒸气高强度穿透细胞杀灭一切微生物及细胞。主要灭菌原理是高温水蒸气（一般为121℃）作用于细胞一定时间（一般为20~30min），使细胞蛋白质凝固变性，从而造成一切微生物变性死亡。这是最为彻底的灭菌方法之一。

操作步骤：

（1）打开电源与开关，检查水位显示灯，视水位显示灯状况，不加或添加适量水（高水位时不必加水，低水位时视情况而定，缺水时必加水，无显示时视情况而定）。

（2）加灭菌物品（注意：物品不能过于密集，否则会影响灭菌效果）。

（3）将锅盖旋到灭菌锅正上方密封处（注意：锅盖用手提着缓慢旋至正上方，不要触及密封圈，以免造成密封圈破损，也不要将锅盖旋得太高，否则锅盖无法归位至正上方）。

（4）按待灭菌物品的要求，设定温度和时间。

（5）进入工作状态后，查看排气（水）阀，将阀门旋至排气处。

（6）待有大量白色蒸汽产生时，关闭排气阀，关闭后温度持续上升（注意：在使用高压蒸汽灭菌锅灭菌时，灭菌锅内冷空气的排除是否完全极为重要）。

（7）灭菌结束，压力降至“0”时，打开排气阀，气体排尽后，方可开盖，利用锅内温度烤干棉塞和纱布后再取物。注意：压力一定要降到“0”时，才能打开排气阀，开盖取物，否则就会因锅内压力突然下降，使容器内的培养基由于内外压力不平衡而冲出烧瓶口或试管口，造成棉塞沾染培养基而发生污染，甚至灼伤操作者。

五、实验结果

做培养基的灭菌检查。

实验十九　微生物的厌氧培养技术

一、实验目的

学习并掌握培养厌氧微生物的方法。

二、实验原理

厌氧微生物在自然界中分布广泛，种类繁多。其作用也日益引起重视。这类微生物不能进行有氧呼吸，且氧气对其生存有一定的抑制作用。因此,这类微生物的分离、培养需要除去氧气及在氧化还原势较低的环境中进行。

厌氧微生物的培养技术很多，有些方法操作较为复杂,且对仪器的要求也很高;而有些方法操作相对比较简单，对仪器的要求也低，但只能用对厌氧要求相对较低的厌氧菌培养。后者有碱性焦性没食子酸法、厌氧罐法和庖肉培养基法等。本实验将主要介绍厌氧罐法，它属于最基本也是最常用的厌氧培养技术。

厌氧罐法是指利用一定方法在密闭的厌氧罐中生成一定量的氢气，而经过处理的钯或铂可作为催化剂催化氢与氧化合形成水，从而除掉罐中的氧而造成厌氧环境。由于适量的二氧化碳（CO_2; 2%~10%）对大多数的厌氧菌的生长有促进作用，在进行厌氧菌的分离时可提高检出率，所以一般在供氢的同时还向罐内供给一定的CO_2。氧罐中氢气（H_2）及CO_2的生成可采用钢瓶灌注的外源法，但更方便的是利用各种化学反应在罐中自行生成的内源法。例如，本实验中即是利用镁（Mg）与氯化锌（$ZnCl_2$）遇水后发生反应产生H_2，及碳酸氢钠（$NaHCO_3$）加柠檬酸水后产生CO_2。而厌氧罐中使用的厌氧度指示剂一般都是根据亚甲蓝在氧化态时呈蓝色，而在还原态时呈无色的原理设计的。

$$Mg+ZnCl_2+2H_2O \rightarrow MgCl_2+Zn(OH)_2+H_2\uparrow$$

$$C_6H_8O_7+3NaHCO_3 \rightarrow Na_3(C_6H_5O_7)+3H_2O+3CO_2\uparrow$$

目前，厌氧罐培养技术早已商业化，有多种品牌的厌氧罐产品（如厌氧罐罐体、催化剂、产气袋、厌氧指示剂）可供选择，使用起来十分方便。

三、实验器材

1. 菌种

巴氏梭状芽孢杆菌、荧光假单胞菌。

2. 培养基

牛肉膏蛋白胨琼脂培养平板。

3. 仪器和其他用品

棉花、厌氧罐、催化剂、产气袋、厌氧指示剂袋、无菌的带橡皮塞的大试管、灭菌的玻璃板（直径比培养皿大3~4cm）、滴管、烧瓶和小刀等。

四、实验步骤

厌氧罐培养法：

（1）在2个培养平板上均同时一半划线接种巴氏梭状芽孢杆菌，另一半接种荧光假单胞菌，并做好标记。取其中的一个平板置于厌氧罐的培养皿支架上，后放入厌氧培养罐内，而另一个平板直接置30℃温室培养。

（2）将已活化的催化剂倒入厌氧罐罐盖下面的多孔催化剂盒内，旋紧。

（3）剪开气体发生袋的一角，将其置于罐内金属架的夹上，再向袋中加入约10ml水。同时，由另一操作者配合，剪开厌氧指示剂袋，使指示条暴露（还原态为无色，氧化态为蓝色），立即放入罐中。

（4）迅速盖好厌氧罐罐盖，将固定梁旋紧，置30℃温室培养，观察并记录罐内情况变化及菌种生长情况。

注意：必须在一切准备工作齐备后再往气体发生袋中注水，而加水后应迅速密闭厌氧罐，否则，产生的氢气过多地外泄，会导致罐内厌氧环境建立的失败。

五、实验结果

记录厌氧培养中菌生长情况。

实验二十　病毒的鸡胚培养

一、实验目的

（1）了解病毒鸡胚培养和细胞培养的意义及用途。

（2）初步掌握病毒鸡胚培养和细胞培养的基本方法。

二、实验原理

基于鸡胚和传代细胞系（株）作为病毒的敏感宿主，能支撑病毒完成从吸附到基因组复制、蛋白质合成、装配、裂解的整个生命过程。因此，鸡胚培养和细胞培养方法广泛应用于病毒分离、增殖、毒力测定、疫苗制备等。病毒接种鸡胚均有其最适宜的途径，如羊膜腔、尿囊腔、绒毛尿囊膜和卵黄囊等，故应注意选择合适的鸡胚接种途径。通常病毒感染鸡胚和细胞后会出现不同程度的病变症状，如痘苗病毒接种鸡胚绒毛尿囊膜，经培养后产生肉眼可见的白色痘疮样病灶。在实验条件下，病变的严重程度与病毒的毒力相关，故观察鸡胚和细胞的病变程度可评估病毒的感染及增殖情况。

三、实验器材

1. 病毒

痘苗病毒、鸡新城疫病毒。

2. 溶液和试剂

2.5%碘酒、70%乙醇等。

3. 仪器和其他用品

孵卵箱、检卵灯、齿钻、磨壳器、钢针、蛋座木架、橡皮胶头、注射器、镊子、剪刀、封蜡（固体石蜡加凡士林，融化）。

4. 鸡胚

白壳受精卵（自产出后不超过10d，以5d以内的卵为最好）。

四、实验步骤

1. 准备鸡胚

先用清水将孵育前的鸡卵洗净，用布擦干后放入孵卵箱进行孵育（36℃，相对湿度为45%~60%），孵育3d后，鸡卵每日翻动1~2次。孵至第4天，用检卵灯观察鸡胚发育情况，如无受精卵，只见模糊的卵黄黑影，不见鸡胚的形迹，这种鸡卵应被淘汰。活胚可看到清晰的血管和鸡胚的暗影，比较大些的还可以看见胚动。随后每天观察一次，对于胚动呆滞或没有运动的，或血管昏暗模糊者，可能是已死或将死的鸡胚，要随时淘汰。生长良好的鸡胚一直孵育到接种前，具体胚龄视所拟培养的病毒种类和接种途径而定。

鸡卵孵化期间，箱内应保持新鲜空气流通，特别是孵化5~6d后，鸡胚发育加快，氧气需要量增大，如空气供应不足，会导致鸡胚大量死亡。

2. 接种

1）绒毛尿囊膜接种

（1）将孵育9~10d的鸡胚放在检卵灯上，用铅笔勾出气室与胚胎略近气室端的绒毛尿囊膜发育得好的地方。

（2）用碘酒消毒气室顶端与绒毛尿囊膜记号处，并用磨壳器或齿钻在记号处的卵壳上磨开一三角形或正方形（每边5~6mm）小窗，且不要弄破下面的壳膜。在气室顶端钻一小孔。

（3）用小镊子轻轻揭去所开小窗处的卵壳，露出壳下的壳膜，但注意切勿伤及紧贴在下面的绒毛尿囊膜，此时滴加少许生理盐水自破口处流至绒毛尿囊膜，以利两膜分离。

（4）用针尖刺破气室小孔处的壳膜，再用橡皮乳头吸出气室内的空气，使绒毛尿囊膜下陷形成人工气室。

（5）用注射器通过窗口的壳膜窗孔滴0.05~0.1ml痘苗病毒液于绒毛尿囊膜上。

（6）在卵壳的窗口周围涂上半凝固的石蜡，做成堤状，立即盖上消毒盖玻片。也可用分微生物学基本实验技术封口，将卵壳盖上，接缝处涂以石蜡，但石蜡不能过热，以免流入卵内。使鸡卵始终保持人工气室在上方的位置进行36℃培养，48~96h观察结果。

注意：温度对病毒病灶的形成影响显著，应严格控制培养温度在36℃，高于40℃的温度则不能产生典型病灶。

2）尿囊腔接种

（1）将鸡胚在检卵灯上照视，用铅笔画出气室与胚胎位置，并在绒毛尿囊膜血管较少的地方做记号。

（2）将鸡胚竖放在蛋座木架上，钝端向上。用碘酒消毒气室蛋壳，并用钢针做记号。

（3）用带18mm长针头的1ml注射器吸取鸡新城疫病毒液，针头刺入孔内，经绒毛尿囊膜入尿囊腔，注入0.1ml病毒液。

（4）用石蜡封孔后于36℃孵卵器孵育72h观察结果

3）羊膜腔接种

（1）将孵育9~10d的鸡胚照视，画出气室范围，并在胚胎最靠近卵壳的一侧做记号。

（2）碘酒消毒气室部位的蛋壳，齿钻在气室顶端磨一三角形、每边约1cm的裂痕，注意勿划破壳膜。

（3）用灭菌镊子揭去蛋壳和壳膜，并滴加灭菌液体石蜡一滴于下层壳膜上，使其透明，以便观察，若将鸡胚放在检卵灯上，则看得更清楚。

（4）用灭菌尖头镊子，两页并拢，刺穿下层壳膜和绒毛尿囊膜没有血管的地方，并夹住羊膜从刚才穿孔处拉出来。

（5）左手用另一把无齿镊子夹住拉出的羊膜，右手持带有26号针头的注射器，刺入羊膜腔内，注入鸡新城疫病毒液0.1ml。针头最好用无斜削尖端的钝头，以免刺伤胚胎。

（6）用绒毛尿囊膜接种法的封闭方法将卵壳的小窗封住，于36℃孵卵箱内孵育48~72h观察结果，保持鸡胚的钝端朝上。

注意：鸡胚接种病毒的操作过程及使用器械应严格无菌，尽可能在超净工作台上进行。

3. 收获

1）收获绒毛尿囊膜

（1）用碘酒消毒人工气室上卵壳，去除窗孔上的盖子。

（2）将灭菌剪子插入窗内，沿人工气室的界限剪去壳膜，露出绒毛尿囊膜，再用灭菌眼科镊子将膜正中夹起，用剪刀沿人工气室边缘将膜剪下，放入加有灭菌生理盐水的培养皿内，观察病灶形状。然后或用于传代，或用50%甘油保存于-20℃以下。

2）收获尿囊液

（1）将36℃孵育72h的鸡胚放在冰箱内冷冻半日或一夜，使血管收缩，以便得到无胎血的纯囊液。

（2）用碘酒消毒气室处的卵壳，并用灭菌剪刀除去气室的卵壳。切开壳膜及其下面的绒毛尿囊膜，翻开到卵壳边上。

（3）将鸡卵倾向一侧，用灭菌吸管吸出尿囊液，一个鸡胚约可收获6ml尿囊液，收获的尿囊液暂存于4℃冰箱，经无菌试验合格后于-20℃长期贮存。

注意：收获尿囊液时勿损伤血管，否则病毒会吸附在红细胞上，使病毒滴度显著下降。

（4）观察鸡胚，看有无典型的病理症状。

3）收获羊水

（1）按收获尿囊液的方法消毒，去壳，翻开壳膜和尿囊膜。

（2）吸出尿囊液。

（3）用镊子夹住羊膜，以尖头毛细血管插入羊膜腔，吸出羊水，放入无菌试管内，每鸡胚可吸0.5~1.0ml。经无菌试验合格后，保存于-20℃以下低温中。

（4）观察鸡胚的症状。

五、实验结果

（1）描述痘苗病毒在鸡胚绒毛尿囊膜上培养后所出现的病变状况。

（2）描述鸡新城疫病毒接种鸡胚培养后鸡胚所出现的变化。

实验二十一　真菌的培养

一、实验目的

（1）理解食用真菌多种多样的培养方式，了解液体培养制备真菌菌丝的意义及用途，懂得食用真菌的生产过程。

（2）学习一种食用真菌的母种、原种或栽培种的培养技术，并掌握其基本的知识和技术。

二、实验原理

食用菌菌种是指以保藏、试验、栽培等用途为目的，具有繁衍能力和遗传特性的相对稳定的菌类孢子、组织、菌丝体及营养性或非营养性载体。食用真菌全部都是化能异养型的，各种现成的有机物能满足其生长发育的需要，根据食用真菌不同种和培养步骤的需求，按培养基的配制原则制备培养基，在适宜温度和条件下可进行固体或液体培养。液体培养是研究食用真菌很多生化特征和生理代谢的最适方法。食用真菌菌丝在液体培养基里分散状态好，营养吸收和气体交换容易，生长快。发育成熟的菌丝及发酵液可制成药物、饮料和食品添加剂等。在固体栽培时，用液体菌种代替固体原种时，由于其流动性大，易分散，可迅速地扩展、很快地生长，可缩短培养时间，提高生产效率。

三、实验器材

1. 菌种

平菇（侧耳）、香菇、木耳。

2. 培养基

马铃薯葡萄糖培养基（PDA培养基）、玉米粉蔗糖培养基、酵母膏麦芽汁琼脂、棉籽壳培养基。

3. 溶液和试剂

1~2g/L的升汞溶液（或75%乙醇）、20g/L硫酸铵、8g/L酒石酸溶液、无菌水等。

4. 仪器和其他用品

搪瓷盘（或玻璃大器皿）、培养皿盖、三角烧瓶、灭菌玻璃珠、灭菌大口吸管、干燥小离心管、玻璃瓶或塑料袋、铁丝支架、有孔玻璃钟罩、旋转式恒温摇床、接种铲、接种针、镊子、小刀（铲）和滤纸等。

四、实验步骤

1. 原种和栽培种的固体培养

原种又可称为二级菌种，因食用菌的种类不同其培养基所用原料、培养条件差别较大。以平菇为例制作原种：棉籽壳93g，麸皮5g，过磷酸钙1g，石灰1g，料和水的比例为1:（13~1.5）。将过磷酸钙和石灰先溶于水中，加入棉籽壳和麸皮，混匀，使其“手握成团，落地能散”，堆闷4~6h后装入玻璃瓶或塑料袋，边装边压实。装满压实后，用小棒打孔至瓶底，用纸包扎封口，121℃灭菌90min，冷却后，无菌操作将母种接入培养基的孔内。25~28℃培养约20d，保持好培养环境，经常检查，除去污染瓶，所得培养物即为原种。

栽培种的固体培养是较大规模地生产食用菌，进行食用菌栽培要求大量菌种。栽培种的固体培养即为原种的放大培养，其培养基的制作、接种、培养条件等操作技术，与固体培养原种的方法技术大同小异。主要区别是放大了培养，大多采用聚丙烯耐高压塑料筒状袋（15cm × 30cm）装培养基瓶（袋），原种可接种50个左右的栽培种筒状袋。25~28℃培养20d左右，待菌丝长好后即为栽培种。

2. 原种和栽培种的液体培养

（1）原已保存的，或购买的，或自行分离的平菇菌种，用无菌接种铲薄薄铲下培养基上平菇的菌丝1块，接种于马铃薯培养基斜面中部，26~28℃培养7d，得到的斜面菌种，也可称为母种。

（2）用无菌接种铲铲下马铃薯培养基斜面上约0.5cm^{2}的菌块，放入装有50ml玉米粉蔗糖培养基的250ml三角烧瓶中。由于静止培养，能促使铲断菌丝的愈合，有利于繁殖，所以26~28℃静止培养2d，再置旋转式摇床，同样温度，150~180r/min，培养3d，经检查，除去污染瓶，所得培养物可称为原种。这种摇瓶液体培养，也可收集培养的菌丝或培养液，进行研究或应用。

（3）扩大液体培养，即为原种的放大培养，将原种以10%接种量接入玉米粉蔗糖培养基中（培养基的用量视需要而定），25~28℃摇床培养3~4d。在菌丝球数量达到最高峰时（3d左右），放入一些灭菌玻璃珠，适度旋转摇动5~10min均质菌丝，将这种均质化的菌丝片段悬液作为栽培种。也可将已培养好的液体培养物接种经洗净、浸泡和灭菌的麦粒，培养后成为菌液-麦粒栽培种，其菌龄一致，老化菌丝少，污染率低，生产周期短，可增产5%~10%。

3. 食用菌的栽培

（1）将棉籽壳培养基装入玻璃瓶或塑料袋，边装边压实，底部料压得松一些，口部压紧些，用小棒在中央扎一直径约1.5cm的孔，直至底部，用纸包扎封口，121℃灭菌90min。大生产也可用常压灭菌，100℃灭菌6h。

（2）待培养基温度降至20~30℃时，如果接种固体栽培种，应除去表面老化菌丝，接种约10%。若接种液体栽培种，用灭菌大口吸管接种5%，或均质悬浮液3%，也可接种菌液麦粒栽培种。包扎好封口纸，移入培养室。

（3）栽培管理：① 发菌：即菌丝在营养基质中向四周的扩散伸长期，室温控制在20~23℃，相对湿度70%~75%。7d以后，温度可升至25~28℃，室内CO_2浓度升高，要早晚各通一次风，保持空气新鲜。25~30d后菌丝可长满全瓶（袋），及时给予散射光照，继续培养4~5d。② 桑葚期：菌丝成熟后给予200lx左右散射光照，降室温至12~20℃培养，即低温刺激，一般3~5d后，产生瘤状突起，这是子实体原基，形似桑葚，故又称桑葚期。适当通风，相对湿度要求80%~85%。③ 珊瑚期：原基分化，形成菌柄，菌盖尚未形成，小凸起各自伸长，参差不齐，状似珊瑚。条件合适，桑葚期只要1d就能转入珊瑚期。湿度控制90%左右，通气量也要逐步加大。④ 菇蕾形成期：菌盖已形成，开始出现菌褶，保持90%左右的湿度，18~20℃培育温度。同上述给予散射光，通风良好。当菌盖充分展开，菌盖下凹处产生茸毛，则形成了菇蕾。⑤ 采收期：出现一批菇蕾，即要立即不留茬基采收。从菌蕾发生到采收需7~8d。采收后继续培育，进行湿度、温度、通风和散射光的管理，直至又出现一批菇蕾，可采收第二茬菇，再继续，还可采收第三茬菇。

4. 食用菌的保鲜和保存

食用菌保鲜的方法很多，比较简便、成本低、保鲜程度高的方法有：将新鲜采收的平菇，经过整理后，将其浸入6g/L的食盐水中，浸泡10min后沥干，装入塑料袋保存，能保鲜4~6d；金针菇、草菇等采收后，往新鲜菇上喷洒1g/L.的抗坏血酸液，装入非铁质容器内，可保鲜3~5d；平菇采收后，立即洗掉泥沙，装入0.5mm厚的无毒聚乙烯塑料袋内，密封包装，置于0℃的条件下，可保鲜15~20d。许多食用菌使用烘干长期保存。例如，香菇的烘干保存；鲜菇也可以采用速冻低温较长时间保存。

食用菌的栽培，虽然栽培原理和技术操作要领与栽培种的培养是相同的，但所用原料多、价格低廉、塑料筒状袋大，操作器具和场地等都要符合生产规模的需要，要经过配料、拌料、堆料、装袋、接种、发菌、出菇和采菇等生产过程。许多生产中的技术和方法与实验室食用菌的培养是不同的，具有其独特之处，而且，有的食用菌需建专用菇房栽培，有的在露地塑料大棚栽培，有的在山林栽培，有的则与农作物套种栽培，还有的采用液体发酵罐生产。所以食用菌的栽培不仅是门学科，而且是一种重要的生产行业。只有严格地执行生产规程，精心地管理，才能获得优质、丰产的食用菌。

五、实验结果

（1）简图说明香菇的生产过程。

（2）分析实验结果，是否有可以改进之处？

第九章

微生物的大小与数量测定

实验二十二　微生物大小的测定

一、实验目的

（1）学习并掌握使用显微镜测微尺测定微生物大小的方法。

（2）掌握对不同形态细菌细胞大小测定的分类学基本要求，增强对微生物细胞大小的感性认识。

二、实验原理

细胞的大小是微生物分类鉴定的主要依据之一，然而微生物个体微小，必须借助显微镜测微技术才能观察清楚。因此，必须了解测微尺的构造。显微测微尺由目镜测微尺和镜台测微尺组成。

镜台测微尺是一个在特制载玻片中央封固的标准刻尺，其尺度总长为1mm，精确分为10个大格，每个大格又分为10个小格，共100个小格，每一小格长度为0.01mm，即10μm。刻线外有一直径为$\phi3$，线粗为0.1mm的圆，以便调焦时寻找线条。刻线上还覆盖有厚度为0.17mm的盖玻片，可保护刻线久用而不损伤。镜台测微尺并不直接用来测量细胞的大小，而是用于校正目镜测微尺每格的相对长度。

目镜测微尺是一块可放入接目镜内的圆形小玻片，其中央有精确的等分刻度，一般有等分为50小格和100小格两种。测量时，需将其放在接目镜中的隔板上，用以测量经显微镜放大后的细胞物像。由于不同显微镜或不同的目镜和物镜组合放大倍数不同，目镜测微尺每小格在不同条件下所代表的实际长度也不一样。因此，用目镜测微尺测量微生物大小时，必须先用镜台测微尺进行校正，以求出该显微镜在一定放大倍数的目镜和物镜下，目镜测微尺每小格所代表的相对长度。然后根据微生物细胞相当于目镜测微尺的格数，即可计算出细胞的实际大小。

三、实验器材

1. 菌种

金黄色葡萄球菌、枯草芽孢杆菌和迂回螺菌的染色玻片标本。

2. 溶液和试剂

香柏油、二甲苯。

3. 仪器和其他用品

目镜测微尺、镜台测微尺、普通光学显微镜、擦镜纸和软布等。

四、实验步骤

1. 目镜测微尺的安装

取出接目镜，把目镜上的透镜旋下，将目镜测微尺刻度朝下放在目镜镜筒内的隔板上，然后旋上目镜透镜，再将目镜插回镜筒内。双目显微镜的左目镜通常配有屈光度调节环，不能被取下，因此使用双目显微镜时目镜测微尺一般都安装在右目镜中。

2. 校正目镜测微尺

将镜台测微尺刻度面朝上放在显微镜载物台上。先用低倍镜观察，将镜台测微尺有刻度的部分移至视野中央，调节焦距，当清晰地看到镜台测微尺的刻度后，转动目镜使目镜测微尺的刻度与镜台测微尺的刻度平行。利用推进器移动镜台测微尺，使两尺在某一区域内两线完全重合，然后分别数出两重合线之间镜台测微尺和目镜测微尺所占的格数，用同样的方法换成高倍镜和油镜进行校正，分别测出在高倍镜和油镜下，两重合线之间两尺分别所占的格数。

注意：观察时光线不宜过强，否则难以找到镜台测微尺的刻度；换高倍镜和油镜校正时，务必十分细致，防止接物镜压坏镜台测微尺和损坏镜头。

由于已知镜台测微尺每格长 10 μm，根据下列公式即可分别计算出在不同放大倍数下，目镜测微尺每格所代表的长度。

$$\text{目镜测微尺每格长度}(\mu m)=\frac{\text{两重合线间镜台测微尺格数}\times 10}{\text{两重合线间目镜测微尺格数}}$$

3. 菌体大小测定

目镜测微尺校正完毕后，取下镜台测微尺，换上细菌染色制片。先用低倍镜和高倍镜找到标本后，换油镜测定金黄色葡萄球菌的直径和枯草芽孢杆菌及迂回螺菌的宽度和长度。测定时，通过转动目镜测微尺和移动载玻片，测出细菌直径或宽和长所占目镜测微尺的格数。最后将所测得的格数乘以目镜测微尺（用油镜时）每格所代表的长度，即为该菌的实际大小。

值得注意的是，和动植物一样，同一种群中的不同细菌细胞之间也存在个体差异，因此在测定每一种细菌细胞的大小时应至少随机选择10个细胞进行测量，然后计算平均值。

金黄色葡萄球菌只需测量其细胞的宽度（直径），而枯草芽孢杆菌和迂回螺菌应分别测量细胞的宽度和长度，但应注意对杆菌可测量细胞的直接长度，而对螺菌应测量菌体两端的距离而非细胞实际长度。

4. 测定完毕

测量完毕后取出目镜测微尺，将接目镜放回镜筒，再将目镜测微尺和镜台测微尺分别用擦镜纸擦拭干净，放回盒内保存。

五、实验结果

（1）将目镜测微尺校正结果填入表9-22-1。

表9-22-1　目镜测微尺校正结果

物镜	物镜倍数	目镜测微尺格数	镜台测微尺格数	目镜测微尺每格代表的长度/μm
低倍镜				
高倍镜				
油镜				

（2）细菌大小测定记录填入表9-22-2。

表9-22-2　细菌大小测定记录

	1	2	3	4	5	6	7	8	9	10	平均值
直径（宽度）											

实验二十三　显微镜直接计数法

一、实验目的

（1）学习并掌握使用血细胞计数板测定微生物细胞或孢子数量的方法。

（2）学习并掌握用悬滴法观察细菌的形态与运动性。

二、实验原理

单细胞微生物个体生长时间较短，很快进入分裂繁殖阶段。因此，个体生长 难以测定，除非特殊目的，否则单个微生物细胞生长测定实际意义不大。显微镜直接计数法是将小量待测样品的悬浮液置于一种特别的具有确定面积和容积的载玻片上（又称计菌器），于显微镜下直接计数的一种简便、快速、直观的方法。目前国内外常用的计菌器有：血细胞计数板、HausSer以及Hawksley等，它们都可用于酵母、细菌、霉菌孢子等悬液的计数基本原理相同。后两种计菌器由于盖上盖玻片后，总容积为0.02mm^3，而且盖玻片和载玻片之间的距离只有0.02mm。因此，可用油浸物镜对细菌等较小的细胞进行观察和计数。除了用这些计菌器外，还有在显微镜下直接观察涂片面积与视野面积之比的估算法，此法一般用于牛乳的细菌学检查。显微镜直接计数法的优点是直观、快速、操作简单。但此法的缺点是所测得的结果通常是死菌体和活菌体的总和。目前已有一些方法可以克服这一缺点，如结合活菌染色、微室培养（短时间）以及加细胞分裂抑制剂等方法来达到只计数活菌体的目的。本实验以血球计数板为例进行显微镜直接计数。另外，两种计菌器的使用方法可参看各厂商的说明书。

血细胞计数板，通常是一块特制的载玻片，其上由4条槽构成3个平台。中间的平台又被一短横槽隔成两半，每一边的平台上各刻有一个方格网，每个方格网共分9个大方格，中间的大方格即为计数室，微生物的计数就在计数室中进行。

计数室的刻度一般有两种规格，一种是一个大方格分成16个中方格，而每个中方格又分成25个小方格，共400小格；另一种是一个大方格分成25个中方格，而每个中方格又分成16个小方格，总共也是400小格。所以无论是哪种规格的计数板，每一个大方格中的小方格数都是相同的。

计数时，通常数5个中方格的总菌数，然后求得每个中方格的平均值，再乘上25，就得出一个大方格中的总菌数，然后再换算成1 ml菌液中的总菌数。以25个中方格的计数板为例，设5个中方格中的总菌数为m，菌液稀释倍数为n，则：

$$1\ \text{ml菌液中的总菌数}=m/5\times25\times10^4\times n$$

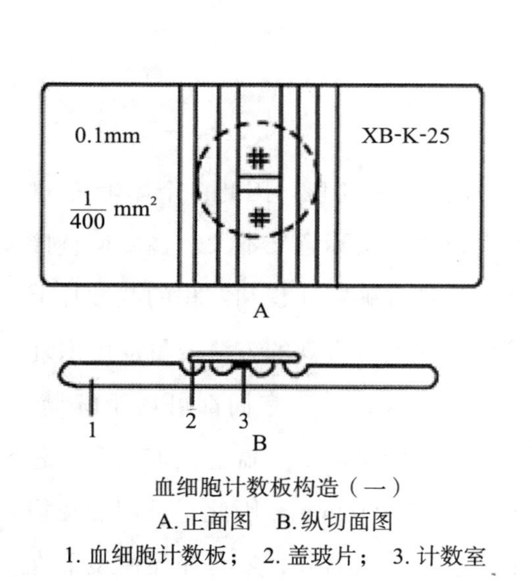

血细胞计数板构造（一）
A. 正面图　B. 纵切面图
1. 血细胞计数板；　2. 盖玻片；　3. 计数室

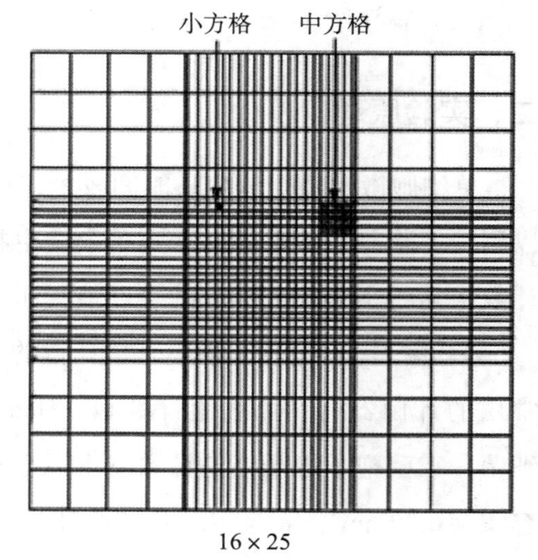

16 × 25
血细胞计数板构造（二）
放大后的方网格，中间大方格为计数室

图9-23-1　血细胞计数板

三、实验器材

枯草芽孢杆菌染色玻片标本、目镜测微尺、镜台测微尺、显微镜、擦镜纸、血细胞计数板、盖玻片、无菌毛细管、离心试管、香柏油、酵母菌悬液等。

四、实验步骤

1. 菌悬液制备

以无菌生理盐水将酿酒酵母制成浓度适当的菌悬液。

2. 镜检计数室

在加样前，先对计数板的计数室进行镜检。若有污物，则需清洗后才能进行计数。

3. 加样品

将清洁干燥的血细胞计数板盖上盖玻片，再用无菌的细口滴管将稀释的酵母菌液由盖玻片边缘滴一小滴（不宜过多），使菌液沿缝隙靠毛细渗透作用自行进入计数室，一般计数室均能充满菌液。注意不可有气泡产生。静置5~10min即可计数。

4. 显微镜计数

加样后静止 5min，然后将血细胞计数板置于显微镜载物台上，先用低倍镜找到计数室所在位置，然后换成高倍镜进行计数。在计数前若发现菌液太浓或太稀，需重新调节稀释度后再计数。一般样品稀释度要求每小格内约有 5~10个菌体为宜。每个计数室选5个中格（可选4个角和中央的一个中格）中的菌体进行计数。位于格线上的菌体一般只数上方和右边线上的。如遇酵母出芽，芽体大小达到母细胞的一半时，即作为两个菌体计数，计数一样品要从两个计数室中计得的平均数值来计算样品的含菌量。

5. 清洗

使用完毕后，将血细胞计数板在水龙头上用水柱冲洗，切勿用硬物洗刷，洗完后自行晾干或用吹风机吹干。镜检，观察每小格内是否有残留菌体或其他沉淀物。若不干净，则必须重复洗涤至干净为止。

五、实验结果

将显微计数结果填入表9-23-1，其中m表示5格中方格中总菌数，n表示菌液稀释倍数。

表9-23-1 显微计数结果

		各中格菌数					m	n	两室平均值	菌（孢子）数/ml
酵母菌	第1室									
	第2室									

实验二十四 平板计数法

一、实验目的

学习掌握平板计数的基本原理和方法。

二、实验原理

平板菌落计数法是将待测样品经适当稀释之后，其中的微生物充分分散成单个细胞，取一定量的稀释样液接种到平板上，经过培养，由每个单细胞生长繁殖 而形成肉眼可见的菌落，即一个单菌落应代表原样品中的一个单细胞。统计菌落数，根据其稀释倍数和取样接种量即可换算出样品中的含菌数。但是，由于待测样品往往不易完全分散成单个细胞。所以，长成的一个单菌落也可能来自样品中的2~3或更多个细胞。因此平板菌落计数的结果往往偏低。为了清楚地阐述平板菌落计数的结果，现在已倾向使用菌落形成单位（colony-forming units,cfu）而不以绝对菌落数来表示样品的活菌含平板计数法主要有倒平板计数法和平板稀释涂布法，后者使用广泛。此方法操作较烦琐，易受多种因素的影响，其结果尚需培养一定时间后才能获得。由于平板计数法可以获得待测样品中活菌数量，平板稀释涂布法操作相对简单，因而一直被广泛用于生物制品检验（如活菌制剂），以及食品、饮料和水（包括水源水）等的含菌指数或污染程度的检测。

本实验选用平板稀释涂布法进行微生物学实验教学。

三、实验器材

1. 菌种

大肠埃希菌菌悬液。

2. 培养基

牛肉膏蛋白胨琼脂培养基。

3. 仪器或其他用具

1ml无菌移液管、无菌平皿、盛有4.5ml无菌水的试管、试管架和恒温培养箱等。

四、实验步骤

1. 编号

取无菌平皿9套，分别用记号笔标明10^{-4}、10^{-5}和10^{-6}（稀释度）各3套；另取6支4.5ml无菌水的试管，依次标记10^{-1}、10^{-2}、10^{-3}、10^{-4}、10^{-5}和10^{-6}。

2. 倒平板

先将融化后冷却至45℃左右的牛肉膏蛋白胨琼脂培养基倒入无菌培养皿中（约15毫升/皿），立即摇匀，小心平放在实验台平面处；待培养基凝固后将平板倒置于实验室台面上，待用。

3. 稀释

用1ml无菌移液管吸取1ml已充分混匀的大肠埃希菌菌液（待测样品），精确地放0.5ml至标注10^{-1}的试管中，此为10倍稀释；多余的菌液放回原菌液中。

将10^{-1}稀释管置试管振荡器上振荡，使菌液充分混匀；或另取一支1ml无菌移液管插入10^{-1}试管中来回吹吸菌悬液1~3次，进一步将菌体分散，使其分布混匀。

注意：吹吸菌液时不要太猛、太快，吸时移液管伸入管底，吹时离开液面，以免将移液管中的过滤棉花浸湿或使试管内液体外溢。

用此移液管吸取10^{-1}菌液1ml，精确地放0.5ml至10^{-2}试管中，即为100倍稀释；依次类推稀释至10^{-6}。放菌液时移液管尖端不要碰到液面，否则影响计数的准确性。此外，每一支移液管只能接触一个稀释度的菌悬液，否则稀释不精确，导致结果误差较大。

4. 取样

用3支1ml无菌移液管分别吸取10^{-4}、10^{-5}和10^{-6}的稀释菌悬液各1ml，对号放入相应的平板中央处，每个平皿放0.1ml或0.2ml。

5. 涂布与培养

用无菌玻璃涂棒在培养基表面轻轻地涂布均匀。其方法是将菌液先沿一条直线轻轻地来回推动，使之分布均匀；然后改变方向90°沿另一垂直线来回推动，平板内边缘处可改变方向用涂棒再涂布几次，室温下静置5~10min。将涂布有菌液的平板倒置于37℃恒温培养箱中培养48h。

注意：涂布平板用的菌悬液量一般以0.1ml为宜。如果菌液过少，不易涂布开；过多则在涂布完后或在培养时菌液仍会在平板表面流动，不易形成单菌落。

6. 计数

培养48 h后取出平板，统计并计算出同一稀释度3个平板上的菌落平均数，再按下列公式进行计算：

CFU=同一稀释度3次重复的平均菌落数×稀释倍数×5

一般选择平板上长有30~300个菌落的稀释度计算每毫升的含菌量较为合适。同一稀释度的3个重复对照的菌落数不应相差很大，否则表示试验不精确；同一稀释度重复3个平板上菌落数应相近，这样的统计数据方为可信。

注意：平板计数法所选择的稀释度很重要。一般以3个连续稀释度中第2个稀释度在平板上所出现的平均菌落数在50个左右为宜，否则要调整涂布稀释度。倾注倒平板与涂布平板方法操作基本相同，所不同的是后者先倒平板，再将菌液涂布在平板上；而前者是先将菌液放在平皿中央处，再倒入融化的培养基与菌液混合均匀。

五、实验结果

将平板计数结果记录填入表9-24-1。

表9-24-1　平板计数结果记录

稀释度	10^{-4}				10^{-5}				10^{-6}			
平板编号	1	2	3	平均	1	2	3	平均	1	2	3	平均
菌落数												
CFU/ml												

实验二十五　光电比浊计数法

一、实验目的

（1）了解光电比浊计数法的原理。

（2）学习与掌握光电比浊计数法的操作方法。

二、实验原理

当光线通过微生物菌悬液时，由于菌体的散射与吸收作用，使光线的透过量降低。在一定的范围内，微生物细胞浓度与透光度成反比，与光密度（optical density，*OD*）成正比；而光密度或透光度可以用光电池精确测出。因此，可用一系列已知菌数的菌悬液测定*OD*值，做出光密度-菌数标准曲线。然后以样品液所测得的*OD*值，从标准曲线中查出对应的菌数。制作标准曲线时菌体计数可采用血细胞计数板计数、平板计数（参见实验二十三、实验二十四）或细胞干重测定等方法。

本实验用分光光度计进行光电比浊，测定不同培养时间细菌悬浮液的*OD*值，也可以直接用试管或带有测定管的三角烧瓶（Nephlo培养瓶）。测定“klett units”值的光度计，只要接种一支试管或一个带测定管的三角烧瓶进行测定。

光电比浊计数法的优点是简便与快速，可以连续测定，适合于自动控制。但是由于*OD*或透光度除了受菌体浓度影响之外还受细胞大小、形态、培养液成分以及所采用的光波长等因素的影响。光电比浊计数光波的选择通常在400~700nm，具体用于测定某种微生物细胞浓度时还需要根据最大吸收波长及其稳定性试验来确定。另外，颜色太深的样品或在样品中还含有其他干扰物质的悬浮液，不适合用此法进行测定。

三、实验器材

1. 菌种

酿酒酵母培养液。

2. 仪器或其他用具

721型分光光度计、血细胞计数板、显微镜、试管、吸水纸、无菌移液管和无菌生理盐水等。

四、实验步骤

1. 标准曲线制作

（1）编号：取无菌试管7支，分别用记号笔将试管编号为1、2、3、4、5、6和7。

（2）调整菌液浓度：用血细胞计数板计数已培养24h的酿酒酵母菌悬液，并用无菌生理盐水分别稀释调整为每毫升含菌数为1×10^6、2×10^6、4×10^6、6×10^6、8×10^6、10×10^6和12×10^6菌悬浮液，然后分别装入已编号的1~7号无菌试管中。

（3）测*OD*值：将1~7号不同浓度的菌悬液摇均匀后于560m波长、1cm比色皿中测定*OD*值。比色测定时用无菌生理盐水作空白对照，并将*OD*值填入表9-5。每管菌悬液在测定*OD*值时均须先摇匀后再倒入比色皿中测定。

2. 样品测定

将待测样品用无菌生理盐水进行适当稀释，摇均匀后用波长560m、1cm的比色皿测定*OD*值，用无菌生理盐水作空白对照。

五、实验结果

表9-25-1　菌液*OD*值测定结果

培养时间/h	对照0	1.5	3	4	6	8	10	12	14	16	20
OD_{560}											

计算培养液中每毫升菌数：

每毫升样品原菌数=从标准曲线查得每毫升的菌数 × 稀释倍数

实验二十六　微生物滤膜计数法

一、实验目的

（1）掌握滤膜计数法在饮用水和矿泉水微生物定量中的重要作用。

（2）掌握微生物滤膜计数法的操作步骤。

二、实验原理

将适当孔径的滤膜放入滤器，过滤样品，由于滤膜的作用而将微生物保留在膜的表面上。培养基中营养物质与代谢物通过滤膜的微孔进行交换，在滤膜表面上培养出的菌落可以计数。

三、实验器材

1. 仪器和其他用具

培养箱、无菌培养皿、无菌镊子、膜过滤系统（过滤器、抽滤瓶、真空泵、真空泵保护器、真空胶管）。

2. 试剂

培养基（按微生物特征选择）、滤膜（按微生物大小选择滤膜孔径）。

四、实验步骤

1. 过滤

用无菌镊子夹取滤膜边缘部分，将粗糙面向上，贴放在已灭菌的滤床上，固定好滤器，将需要的样品量注入滤器中，打开滤器阀门，在-0.5大气压下抽滤。

2. 培养

滤完后，再抽气约5s，关上滤器阀门，取下滤器，用灭菌镊子夹取滤膜边缘部分，移放在培养基上，滤膜截留细菌面向上，滤膜应与培养基完全贴紧，两者间不得留有气泡，然后将平皿倒置，放入培养箱培养。

3. 计数

根据菌落特征，计算滤膜上的典型菌落数。

五、实验结果

计算滤膜培养所得平均菌落数。

实验二十七　细菌生长曲线的测定

一、实验目的

（1）了解细菌生长曲线特点及测定原理。

（2）学习用比浊法测定细菌的生长曲线。

二、实验原理

大多数细菌的繁殖速度很快，在适宜的条件下培养细胞要经历延迟期、对数期、稳定期和衰亡期4个阶段。以培养时间为横坐标，以细菌数目的对数或生长速率为纵坐标，作图，得到的曲线称为该细菌的生长曲线。不同的细菌在相同的培养条件下其生长曲线不同，同样的细菌在不同的培养条件下所绘制的生长曲线也不相同。

测定微生物的数量有多种方法，可根据要求和实验室条件选用。本实验采用比浊法测定，由于在一定的范围内，微生物细胞浓度与透光度呈反比，与*OD*值呈正比，因此可利用分光光度计测定菌悬液的*OD*值来推知菌液的浓度，并将所测的*OD*值与其对应的培养时间作图，即可绘出该菌在一定条件下的生长曲线，此法快捷、简便。

三、实验器材

1. 仪器和其他用具

721型分光光度计、比色杯（1cm）、恒温摇床、无菌吸管（5ml）、大试管、三角瓶（250ml）。

2. 实验试剂

大肠埃希菌、LB液体培养基/牛肉膏蛋白胨液体培养基。

四、实验步骤

1. 标记

取11支无菌大试管，用记号笔分别标明培养时间，即0、1.5、3、4、6、8、10、12、14、16h和20h。

2. 接种

分别用5ml无菌吸管吸取2.5ml大肠埃希菌过夜培养液（培养10~12h）转入盛有60 ml液体培养基的三角瓶内，混合均匀后分别取5ml混合液加至上述标记的11支无菌大试管中。

3. 培养

将已接种的试管置摇床37℃振荡培养（振荡频率200~250r/min），分别培养0、1.5、3、4、6、8、10、12、14、16h和20h，将标有相应时间的试管取出，立即放4℃冰箱贮存，最后一同比浊测定其*OD*值。

4. 比浊测定

用未接种的液体培养基作空白对照，选用600nm波长进行光电比浊测定。从最先取出的培养液开始依次测定，对细胞密度大的培养液用液体培养基适当稀释后测定，使其OD_{600}在0.1~0.65。

注意：测定*OD*值前，将待测定的培养液振荡，使细胞均匀分布。测定OD值时，要求从低浓度到高浓度测定。

六、实验结果

（1）将测定的*OD*值填入表9-27-1。

表9-27-1　测定的*OD*值

培养时间/h	0	1.5	3	4	6	8	10	12	14	16	20
OD_{600}											

（2）以表9-27-1中的时间为横坐标，OD_{600}值为纵坐标，绘制大肠埃希菌的生长曲线。

第十章

微生物培养

实验二十八　微生物的培养、分离、纯化和接种

一、实验目的

熟练掌握微生物的培养、分离、纯化和接种方法。

二、实验原理

在自然界中，各种微生物是在互为依赖的关系下共同生活的。因此，为了取出特定的微生物进行纯种培养，必须从中把它们分离出来。

微生物接种技术是进行微生物实验和相关研究的基本操作技能。无菌操作是微生物接种技术的关键。接种是将微生物或微生物悬液引入新鲜培养基的过程。由于实验目的、培养基种类及实验器皿等不同，所用接种方法不尽相同。斜面接种、液体接种、固体接种和穿刺接种操作均以获得生长良好的纯种微生物为目的。

分离培养微生物时，要考虑微生物对外界的物理、化学等因素的影响。即选择该类微生物最适合的培养基和培养条件。在培养、分离、接种过程中，均需严格的无菌操作，防止杂菌侵入，所用的器具必须经过灭菌，接种工具无论使用前后都要经过灭菌，且在无菌室或无菌箱中进行。

三、实验器材

1. 仪器和其他用具

电子天平、锥形瓶、烧杯、滴管、试管、移液管、平皿、涂布棒、载玻片、接种环、酒精灯。

2. 实验试剂

菌液、双歧杆菌培养基、琼脂、生理盐水。

四、实验步骤

1. 培养

（1）以无菌操作称取 25g样品，置于装有 225ml 生理盐水的锥形瓶内，摇匀，制成 1:10 的样品匀液

（2）梯度稀释。用1ml滴管吸取1:10样品匀液1.0ml，沿管壁缓慢注于装有9 ml生理盐水的试管中（注意吸管尖端不要触及稀释液），振摇试管，制成 1:100 的样品匀液。另取 1ml 滴管按上述操作顺序，做10倍递增样品匀液。

（3）涂布培养。根据待鉴定菌种的活菌数，选择3个连续的适宜稀释度，每个稀释度吸取 0.1ml 稀释液，制作平皿。

A.涂布平皿法：将吸取的3个连续的适宜稀释度的稀释液分别加到已凝固的培养基平板上，再用涂布棒快速地将其均匀涂布，使培养基平板长出单菌落或菌苔而达到分离或计数的目的。

B.倾注平皿法：将吸取的3个连续适宜稀释度的稀释液分别加到10ml融化的琼脂培养基中，迅速往复摇动和转圈晃动。往复摇动5次，顺时针转动5次，垂直摇动5次，逆时针转动5次，以保证样品充分分散，操作时注意不要让琼脂溅到平皿的盖上。

注意：从稀释样品至倒培养基的时间不能超过30min（一般为15~30min），因为长时间放置可能会造成稀释液中悬浮的细菌死亡、增长或菌落的分离。配制系列梯度稀释液和转移稀释液以及涂布过程等都必须在酒精灯火焰旁进行。

（4）每个稀释度做两个平皿。置 36 ± 1℃温箱内培养 48 ± 2h。

2. 分离（平板划线分离法）

（1）灼烧接种环至铁丝发红。

（2）在靠近酒精灯火焰处，左手拿上述制好的平皿底部，右手拿接种环，在平板上划线。划线方法很多，但其目的都是通过划线将样品在平板上进行稀释，使之形成单个菌落。

（3）划线完毕后，盖上培养皿盖，倒置于温室培养。灼烧接种环并放回原位。

3. 纯化（纯培养）

挑取3个或3个以上的菌落接种于营养琼脂平板，37 ± 1 ℃培养 48 h。

4. 接种

1）斜面接种法

（1）操作前，先用75%乙醇擦手，待乙醇挥发后点燃酒精灯。

（2）将菌种管和斜面握在左手大拇指和其他四指之间，使斜面和有菌种的一面向上，并处于水平位置。

（3）先将菌种和斜面的棉塞旋转一下，以便接种时拔出。

（4）左手拿接种环（如握钢笔一样），在火焰上先将环端烧红灭菌，然后将有可能伸入试管的其余部位也过火灭菌。

（5）用右手的无名指、小指和手掌将菌种管和待接斜面试管的棉花塞或试管帽同时拔出，然后让试管口缓缓过火灭菌（切勿烧过烫）。

（6）将灼烧过的接种环伸入菌种管内，接种环在试管内壁或未长菌苔的培养基上接触一下，让其充分冷却，然后轻轻刮取少许菌苔，再从菌种管内抽出接种环。

（7）迅速将沾有菌种的接种环伸入另一支待接斜面试管。从斜面底部向上做“Z”形来回密集划线。有时也可用接种针仅在培养基的中央拉一条线来做斜面接种，以便观察菌种的生长特点。

（8）接种完毕后抽出接种环，灼烧管口，塞上棉塞。

（9）将接种环烧红灭菌。放下接种环，再将棉花塞旋紧。

2）液体接种法

（1）由斜面培养基接入液体培养基。此法用于观察细菌的生长特性和生化反应的测定，操作方法与前相同，但使试管口向上斜，以免培养液流出接入菌体后，使接种环和管内壁摩擦几下以利洗下环上菌体。接种后塞好棉塞将试管在手掌中轻轻敲打，使菌体充分分散。

（2）由液体培养基接种液体培养基。菌种是液体时，接处除用接种环外尚用无菌吸管或滴管。接种时只需在火焰旁拔出棉塞，将管口通过火焰，用无菌吸管吸取菌液注入培养液内，摇匀即可。

3）平板接种法

将菌在平板上划线和涂布。

（1）划线接种：见分离划线法。

（2）涂布接种：用无菌吸管吸取菌液注入平板后，用灭菌的玻璃棒在平板表面做均匀涂布。

4）穿刺接种法

把菌种接种到固体深层培养基中，此法用于嫌气性细菌接种或为鉴定细菌时观察生理性能用。

（1）操作方法与上述相同，但所用的接种针应挺直。

（2）将接种针自培养基中心刺入，直刺到接近管底但勿穿透，然后再从原穿刺途径慢慢拔出。

五、实验结果

观察菌种形态。

实验二十九　细菌运动性实验

一、实验目的

（1）掌握微生物的生化反应原理在微生物分类鉴定中的重要作用。

（2）掌握动力试验操作方法。

（3）掌握不同菌种的运动方式。

二、实验原理

具有鞭毛的细菌在液体中能借助鞭毛的旋转，使菌体进行定向的泳动。可以通过以下两种方法对运动性强的幼龄菌进行观察。

1. 不染色检查

直接用活菌涂片后在暗视野显微镜、相差显微镜或者普通显微镜的暗视野下观察细菌活动情况。一般有鞭毛的细菌有动力。有压滴法（直接用载玻片滴一滴生理盐水后挑取活菌涂片，盖玻片小心盖住，镜下观察）和悬滴法（用凹形的载玻片，菌液滴于盖玻片上，倒过来形成悬滴，周围涂以凡士林，可长时间保存）两种。

2. 半固体培养基接种

接种针取菌垂直穿刺借接种,培养后观察接种线及其周围的生长状况,有动力的细菌可在接种线周围生长,造成模糊。无动力的则接种线清晰可见,周围无细菌生长。

三、实验器材

1. 仪器和其他用具

接种环、酒精灯、盖玻片、凹槽载玻片、普通显微镜或相差显微镜、培养箱。

2. 实验试剂

实验菌落、凡士林、半固体培养基（或SIM培养基）。

四、实验步骤

1. 悬滴法

（1）在盖玻片四周点上凡士林。

（2）用接种环挑取一小环菌落置于操作好的干净盖玻片，不要让液滴散开。

（3）将凹槽载玻片盖在盖玻片上，保持菌滴在槽中间，缓慢用力压下载玻片，借助凡士林的黏性使载玻片和盖玻片结合在一起。快速平稳地将玻片反转过来，菌液应处于悬滴状态。尽快观察。

（4）首先用低倍物镜聚焦悬液的边缘，移动载玻片，让悬液在视野中央。换成高倍镜对液滴边缘重新聚焦。

（5）观察现象：根据运动方式的不同来鉴定菌种。

2. 半固体穿刺

（1）将实验菌落接种于半固体培养基（或SIM培养基）。

（2）放入36 ± 1℃（25 ± 1 ℃）培养箱培养1~6d。

（3）观察现象。

五、实验结果

描述所观察到的实验现象。

实验三十　营养缺陷型菌株的筛选和鉴定

一、实验目的

（1）理解选育营养缺陷型突变株的选育原理。

（2）掌握营养缺陷型突变株的筛选方法。

二、实验原理

营养缺陷型是野生型菌株由于基因突变，致使细胞合成途径出现某些缺陷，丧失合成某些物质的能力，必须在基本培养基中外源补加该营养物质，才能正常生长的一类突变株。本质是减低或消除末端产物浓度，以解除反馈控制的代谢调控方式，使代谢途径中间产物或分支合成途径中末端产物得以积累。营养缺陷型菌株广泛应用于氨基酸、核苷酸、维生素的生产中，也广泛应用于基因定位、杂交及基因重组等研究中的遗传标记制作中。

三、实验器材

1. 仪器和其他用具

接种环、三角瓶、振荡培养箱、离心机、紫外灯、无菌小滤纸片、干净镊子、无菌移液管、培养皿、酒精灯等。

2. 实验试剂

1）菌种

枯草杆菌。

2）培养基

（1）0.5%细菌完全培养基（CM）葡萄糖、0.3%牛肉膏、0.3%酵母膏、1%蛋白胨、0.2%七水硫酸镁、2%琼脂、pH值7.2。

（2）0.5%细菌基本培养基（MM）葡萄糖、0.2%七水硫酸镁、0.1%柠檬酸钠、0.2%硫酸铵、0.4%磷酸氢二钾、2%琼脂（处理琼脂）。

注意：① 配制基本培养基的药品均用分析纯；② 使用的器皿要洗净，用蒸馏水冲洗2~3次，必要时用重蒸馏水冲洗；③ 无氮基本培养基在基本培养基中不加硫酸铵和琼脂；④ 2倍氮源基本培养基在基本培养基中加入2倍硫酸铵，不加琼脂；⑤ 限制培养基向配好的液体基本培养基中加入0.1%~0.5%的完全培养基，加入2%琼脂。

3. 溶液

（1）无维生素的酪素（酪蛋白）水解物或氨基酸混合液。

（2）水溶性维生素混合液。

（3）核酸（RNA）水解液：取2g RNA，加入15ml 1mol/L 氢氧化钠；另取2g RNA，加入15ml的1mol/L HCl溶液，分别于100℃水浴加热水解20min后混合，调整pH值为6.0，过滤后调整体积为40ml。

四、实验步骤

1. 菌体前培养

取新活化的枯草芽孢杆菌斜面菌种1环，接入装有20ml完全培养基的250ml三角瓶中，30℃振荡培养16~18h。

2. 对数培养

取1ml培养液转接于另一只装有20ml完全培养基的250ml三角瓶中，30℃振荡培养6~8h，使细胞处于对数生长状态。

3. 细胞悬浮液的制备

（1）取10ml培养液，离心（3500r/min，10min）收集菌体，菌体用生理盐水离心洗涤2次，最后将菌体充分悬浮于11ml生理盐水中，调整细胞浓度108个/毫升。

（2）取1ml菌悬液以倾注法进行活菌计数，测定细胞悬浮液的菌体浓度。

4. 诱变处理

取剩余的10ml细胞悬浮液于直径90mm培养皿中（带磁棒），以紫外线照射60s。

5. 中间培养

取1ml UV处理过的菌液于装有20ml完全培养基的250ml三角瓶中，30℃振荡培养过夜。

6. 淘汰野生型（青霉素法）

（1）取10ml中间培养液，离心（3500r/min，10min）收集菌体，菌体用生理盐水离心洗涤2次，最后将菌体转入10ml无氮基本培养基中，30℃振荡培养6~8h。

（2）将全部菌液转入10ml二倍氮源基本培养基中，30℃振荡培养1~2h，加入终浓度为100 U/ml的青霉素（母液浓度为2000 U/ml），继续培养5~6h，使青霉素杀死野生型细胞，达到浓缩缺陷型细胞的目的。

（3）取10ml菌液，离心收集菌体，将菌体用生理盐水离心洗涤1次，最后将菌体充分悬浮于10ml生理盐水中。

7. 营养缺陷型菌株的检出

（1）取0.1ml菌悬液，涂布于限制培养基平板上（3皿或更多），30℃培养48h，野生型形成大菌落，缺陷型为小菌落。

（2）制备完全培养基和基本培养基平皿各4皿，并在皿的背面画好方格（每皿以30个格为好）。

（3）用牙签从限制培养基平板上逐个挑取小菌落，对应点接在基本培养基和完全培养基上（先点接MM平板，位置一定要对应）。30℃培养48h。将在完全培养基平板上生长，而在基本培养基平板上相应位置不生长的菌落，挑入完全培养基斜面，30℃培养24h，作为营养缺陷型鉴定用菌株。

8. 营养缺陷型菌株的鉴定（采用生长谱法）

（1）取待测菌种斜面1环接于5ml生理盐水中，充分混匀，离心（3500r/min，10min）收集菌体，将菌体充分悬浮于5ml生理盐水中。

（2）取1ml菌悬液于平皿中，倾入约15ml融化并冷却至45~50℃的基本培养基，摇匀，待凝固后即为待测平板。

（3）将待测平板底背面划分为3个区域，在培养基表面3个区域分别贴上蘸有氨基酸混合液、维生素混合液、核酸水解液的滤纸片，30℃培养24h，观察滤纸片周围菌落生长情况。只有蘸有氨基酸混合液纸片周围生长的菌株，即为氨基酸缺陷型菌株。

五、实验结果

（1）培养后观察滤纸片周围微生物生长圈。

（2）确定经UV诱变后获得的营养缺陷属三大类营养物质的哪一大类。

第十一章

微生物生理生化

实验三十一　吲哚试验

一、实验目的

（1）掌握微生物的生化反应原理在微生物分类鉴定中的重要作用。

（2）掌握吲哚试验操作方法。

二、实验原理

有些细菌含有色氨酸酶，能分解蛋白胨中的色氨酸生成吲哚（靛基质）。吲哚本身没有颜色，不能直接被看见，但当加入对二甲基氨基苯甲醛试剂时，该试剂与吲哚作用，形成红色的玫瑰吲哚。

三、实验器材

1. 仪器和其他用具

载玻片、接种环、酒精灯、滴管、德汉氏小管、试管、厌氧管、恒温箱、显微镜。

2. 实验试剂

菌液、吲哚试剂。

四、实验步骤

（1）将菌液置于37℃恒温箱中培养4d。

（2）在菌液中加入吲哚试剂1ml。

（3）观察现象，若培养物与试剂接触处产生一红色的环状物，则为阳性；若培养物仍为黄色，则为阴性。

五、实验结果

观察记录菌种反应测定结果。

实验三十二　明胶液化试验

一、实验目的

（1）掌握微生物的生化反应原理在微生物分类鉴定中的重要作用。

（2）掌握明胶液化试验操作方法。

二、实验原理

明胶是一种动物蛋白质，高于24℃时可液化成液体，低于20℃时凝固成固体。某些细菌能产生明胶液化酶（一种蛋白酶），分解明胶后使明胶分子变小，使其虽低于20℃亦不再凝固。利用此特点，可用来鉴定某些微生物，即能产生明胶液化酶的微生物能使明胶液化，无此酶的微生物则不能液化明胶。使培养基呈液化状态的细菌为明胶液化阳性菌。

三、实验器材

1. 仪器和其他用具

载玻片、接种环、酒精灯、滴管、德汉氏小管、试管、厌氧管、恒温箱、显微镜。

2. 实验试剂

菌液、明胶培养基。

四、实验步骤

（1）将菌种接种于明胶培养基。

（2）放入37℃恒温培养箱中培养5~7d，然后置于4℃、30min，同时准备2只未接种的厌氧管进行对照。

（3）观察现象。

五、实验结果

观察记录菌种反应测定结果：

实验三十三　柠檬酸盐利用试验

一、实验目的

了解柠檬酸盐利用试验的原理及其在细菌鉴定中的意义和方法。

二、实验原理

各种细菌所具有的酶系统不尽相同，对营养基质的分解能力也不一样，因而代谢产物存在差别。有的细菌如产气杆菌，能利用柠檬酸钠为碳源，因此能在柠檬酸盐培养基上生长，并分解柠檬酸盐后产生碳酸盐，使培养基变为碱性。此时培养基中的溴麝香草酚蓝指示剂升高，由绿色变为深蓝色。

三、实验器材

1. 仪器和其他用具

高压蒸汽灭菌锅、37℃恒温培养箱、试管、接种环、酒精灯、试管架、记号笔。

2. 实验试剂

大肠埃希菌、产气杆菌、NaCl、硫酸镁（MgSO4 · $7H_2O$）、磷酸二氢铵、磷酸氢二钾、柠檬酸钠、琼脂、蒸馏水、0.2%溴麝香草酚蓝溶液。

四、实验步骤

1. 培养基的配制

配制三试管柠檬酸盐培养基。

（1）成分：NaCl 5g、七水硫酸镁0.2g、磷酸二氢铵 1g、磷酸氢二钾 1g、柠檬酸钠 5g、琼脂 20g、蒸馏水 1000ml、0.2%溴麝香草酚蓝溶液 40ml、pH值6.8。

（2）制法：先将盐类溶解于水内，校正pH值，再加琼脂，加热溶化。然后加入指示剂，混合均匀后分装试管，121℃高压灭菌15min，放成斜面。

2. 培养基的标记

用记号笔在试管上标明所接种的菌名和实验组号。

3. 接种

将大肠埃希菌、产气杆菌分别接种于两管培养基上，剩余一管培养基作为对照。

4. 培养及观察

37℃下培养24h后直接观察结果。

五、实验结果

观察记录培养基在培养前后的颜色变化，并分析实验结果。

实验三十四　马尿酸钠水解试验

一、实验目的

（1）掌握微生物的生化反应原理在微生物分类鉴定中的重要作用。

（2）掌握马尿酸钠水解试验操作方法。

二、实验原理

根据某些细菌可具有马尿酸水解酶，可使马尿酸水解为苯甲酸和甘氨酸，苯甲酸与三氯化铁试剂结合，形成苯甲酸铁沉淀。

三、实验器材

1. 仪器和其他用具

无菌试管、接种环、培养箱、水浴锅、无菌吸管。

2. 实验试剂

实验菌落、马尿酸纳、茚三酮。

四、实验步骤

（1）挑取菌落，加到盛有0.4ml 1%马尿酸钠的试管中制成菌悬液。

（2）均匀后在36 ± 1 ℃培养箱温育4h。

（3）沿着试管缓慢加入0.2ml茚三酮溶液，不要振荡。

（4）在36 ± 1 ℃培养箱再温育10min。

（5）观察现象：① 阳性反应：出现深紫色。② 阴性反应：出现淡紫色或没有颜色变化。

五、实验结果

观察记录培养基在培养前后的颜色变化，并分析实验结果。

实验三十五　丙二酸盐利用试验

一、实验目的

了解丙二酸盐利用试验的原理，以及其在肠杆菌科种属间及种的鉴别中的意义和方法。

二、实验原理

各种细菌所具有的酶系统不尽相同，对营养基质的分解能力也不同，因而代谢产物也存在差别。在丙二酸盐培养基中，细菌能利用的碳源只有丙二酸盐。能利用丙二酸盐的细菌，可将丙二酸盐分解为碳酸钠，使培养基变碱性，从而使指示剂由绿色变为蓝色。

三、实验器材

1. 仪器和其他用具

高压蒸汽灭菌锅、35℃恒温培养箱、试管、接种环、酒精灯、试管架、记号笔。

2. 实验试剂

大肠埃希菌、克雷伯菌、酵母浸膏、硫酸铵、磷酸氢二钾、磷酸二氢钾、NaCl、丙二酸钠、溴麝香草酚蓝、蒸馏水。

四、实验步骤

1. 培养基的配制

配制三试管柠檬酸盐培养基。

（1）成分：酵母浸膏1g、硫酸铵2g、磷酸氢二钾0.6g、磷酸二氢钾0.4g、NaCl 2g、丙二酸钠3g、溴麝香草酚蓝0.025g、蒸馏水 1000ml。

（2）制法：将上述成分混合，校正pH值为7.1左右。用滤纸过滤，分装每管约3ml，置121℃高压灭菌锅内15min，放成斜面，然后存于冰箱中备用。

2. 培养基的标记

用记号笔在试管上标明所接种的菌名和实验组号。

3. 接种

将大肠埃希菌、克雷伯菌分别接种于两管培养基上，剩余一管培养基作为对照。

4. 培养及观察

35℃下培养24~48h后直接观察结果。

五、实验结果

观察记录培养基在培养前后的颜色变化，并分析实验结果。

实验三十六　硝酸盐还原试验

一、实验目的

（1）掌握微生物的生化反应原理在微生物分类鉴定中的重要作用。

（2）掌握硝酸盐还原试验操作方法。

二、实验原理

硝酸盐还原反应包括两个过程：① 在合成过程中，硝酸盐还原为亚硝酸盐和氨，再由氨转化为氨基酸和细胞内其他含氮化合物；② 在分解代谢过程中，硝酸盐或亚硝酸盐代替氧作为呼吸酶系统中的终末受氢体。能使硝酸盐还原的细菌从硝酸盐中获得氧而形成亚硝酸盐和其他还原性产物。但硝酸盐还原的过程因细菌不同而异，有的细菌仅使硝酸盐还原为亚硝酸盐，如大肠埃希菌；有的细菌则可使其还原为亚硝酸盐和离子态的铵；有的细菌能使硝酸盐或亚硝酸盐还原为氮，如假单胞菌等。

三、实验器材

1. 仪器和其他用具

载玻片、接种环、酒精灯、滴管、德汉氏小管、试管、厌氧管、恒温箱、显微镜。

2. 实验试剂

菌液、硝酸盐培养基、格里斯氏试剂A液和B液、二苯胺试剂。

四、实验步骤

（1）将菌种接种于硝酸盐还原培养基中，置于37℃恒温箱中厌氧培养，分别在第3天、第5天时进行检测。

（2）检测时取培养液约0.5ml于干净的试管中，先后滴入格里斯试剂A液、B液各2滴，如无红色出现，则加1~2滴二苯胺试剂，若出现蓝色，此菌株进行下一步检测。

（3）对培养液进行镜检，菌种生长良好，且空白对照管加入格里斯氏试剂无红色出现时，以上检测结果有效。

五、实验结果

观察并记录菌种反应测定结果。

实验三十七　氨基酸脱羧酶试验

一、实验目的

（1）掌握微生物的生化反应原理在微生物分类鉴定中的重要作用。

（2）掌握氨基酸脱羧酶试验操作方法。

二、实验原理

某些细菌能产生氨基酸脱羧酶，可使赖氨酸、鸟氨酸生产脱羧作用，生成胺类物质和CO_2。胺类物质使培养基呈碱性变紫色则为阳性，如呈黄色则为阴性，以此鉴别细菌。

三、实验器材

1. 仪器和其他用具

接种环、酒精灯、培养箱。

2. 实验试剂

实验菌落、含氨基酸试验培养基、不含氨基酸对照培养基、石蜡。

四、实验步骤

（1）取待检菌，分别接种于含氨基酸的培养基内和不含氨基酸的对照培养基内。

（2）放入36 ± 1℃培养箱培养 24 ± 2h。

（3）观察现象：① 阳性反应：试验管呈紫色，对照管呈黄色。② 阴性反应：试验管和对照管都呈黄色。

五、实验结果

观察记录培养基在培养前后的颜色变化，并分析实验结果。

实验三十八　链激酶试验

一、实验目的

（1）掌握微生物的生化反应原理在微生物分类鉴定中的重要作用。

（2）掌握链激酶试验操作方法。

二、实验原理

某些细菌能产生链激酶，该酶能使血液中的纤维蛋白酶原变成纤维蛋白酶，而后溶解纤维蛋白，使血凝块溶解，为阳性反应。

三、实验器材

1. 仪器和其他用具

无菌吸管、接种环、培养箱、水浴锅。

2. 实验试剂

实验菌液、草酸钾血浆、0.85%生理盐水、氯化钙。

四、实验步骤

1. 操作

吸取草酸钾血浆0.2ml于0.8ml灭菌生理盐水中混匀，再加入待检菌液0.5ml及0.25%氯化钙溶液0.25ml，摇匀，置于36±1℃水浴10min，血浆混合物自行凝固。继续36±1℃培养24h。

2. 观察现象

（1）阳性反应：凝固块重新完全溶解。

（2）阴性反应：凝固块不溶解。

五、实验结果

观察记录培养基在培养前后的变化，并分析实验结果。

实验三十九　溶菌酶耐性试验

一、实验目的

（1）掌握溶菌酶对革兰氏阳性菌溶解的原理及应用。

（2）掌握溶菌酶耐性试验操作方法。

二、实验原理

溶菌酶作用于细菌细胞壁的黏肽层，破坏黏肽支架，使细胞壁破坏。黏肽是细菌细胞壁的主要成分，细胞壁的重要功能是保护细胞，即抗低渗，故细菌失去细胞壁的保护作用后，在低渗环境下可发生溶解。

三、实验器材

1. 仪器和其他用具

接种环、培养箱。

2. 实验试剂

实验菌液、溶菌酶肉汤。

四、实验步骤

（1）接种：待测菌液接种于溶菌酶肉汤。

（2）放入36 ± 1℃培养箱培养24h。

（3）观察现象：① 阳性反应：能生长。② 阴性反应：不生长。

五、实验结果

观察并记录培养基在培养前后的变化，分析实验结果。

实验四十　协同溶血试验

一、实验目的

（1）掌握微生物的生化反应原理在微生物分类鉴定中的重要作用。

（2）掌握协同溶血试验操作方法。

二、实验原理

某些菌种产生的细胞可扩散的多肽与葡萄球菌中的β溶血素可协同作用，使羊血琼脂中两种画线培养的结合处产生协同溶血作用。

三、实验器材

1. 仪器和其他用具

接种环、酒精灯、无菌平皿、培养箱。

2. 实验试剂

实验菌液、羊血琼脂平板。

四、实验步骤

（1）将产生β溶血素的金黄色葡萄球菌培养液横穿过冲洗的羊血琼脂平板画一条直线。用马红球菌培养液画另一条平行线，两线相距4cm左右。用待测菌液，垂直于金黄色葡萄球菌和马红球菌划线。

（2）放入36±1℃培养箱培养24±2h。

（3）观察现象。

协同溶血反应为在两条线的结合处会有箭头状的溶血区域。

五、实验结果

观察并记录培养基在培养前后的变化，分析实验结果。

实验四十一　淀粉试验

一、实验目的

（1）掌握微生物的生化反应原理在微生物分类鉴定中的重要作用。

（2）掌握淀粉试验操作方法。

二、实验原理

淀粉水解试验是淀粉这种多糖水解成单糖的试验。微生物对大分子的淀粉不能直接利用，必须靠产生的胞外酶将大分子物质分解才能加以吸收利用。胞外酶主要为水解酶，通过水解酶的作用将分子量大的物质降解为较小的化合物，使其能被运输至细胞内。有些微生物能产生淀粉酶（胞外酶）使淀粉水解为麦芽糖和葡萄糖。淀粉水解后遇碘不再变蓝色。

三、实验器材

1. 仪器和其他用具

L棒、载玻片、接种环、酒精灯、滴管、德汉小管、试管、厌氧管、恒温箱、显微镜。

2. 实验试剂

菌液、淀粉固体培养基。

四、实验步骤

（1）稀释：取合适稀释度的双歧杆菌稀释液100μl。

（2）接种：将稀释液接种到淀粉固体培养基上，用L棒涂布均匀。

（3）培养：将接种后的平皿置于37℃恒温箱培养48h。

（4）检测：取出平板，打开平皿盖，滴加少量的碘液于平板上，轻轻旋转，使碘液均匀铺满整个平板。菌落周围如出现无色透明圈，则说明淀粉已经被水解，表示该细菌具有分解淀粉的能力。

五、实验结果

观察并记录菌种反应测定结果。

实验四十二　糖类发酵试验

一、实验目的

（1）掌握微生物的生化反应原理在微生物分类鉴定中的重要作用。

（2）掌握糖类发酵试验操作方法。

二、实验原理

糖发酵试验是常用的鉴别微生物的生化反应。绝大多数细菌都能利用糖类作为碳源和能源，但是它们在分解糖类物质的能力上有很大的差异。有些细菌能分解某种糖产生有机酸（如乳酸、醋酸、丙酸等）和气体（如氢气、甲烷、二氧化碳等）；有些细菌只产酸不产气。

三、实验器材

1. 仪器和其他用具

载玻片、接种环、酒精灯、滴管、德汉氏小管、试管、厌氧管、恒温箱、显微镜。

2. 实验试剂

菌液、葡萄糖发酵培养基。

四、实验步骤

（1）取葡萄糖发酵培养基试管2支，接入合适稀释度的菌种稀释液20ml，第2支不接种，作为对照。另取乳糖发酵培养基试管2支，同样接入合适稀释度的菌种稀释液20ml，第2支不接种，作为对照。在接种后，轻缓摇动试管，使其均匀，防止倒置的小管进入气泡。

（2）将所有试管置37℃培养48h。

（3）观察各试管颜色变化及德汉小管中有无气泡。

五、实验结果

观察并记录菌种反应测定结果。

实验四十三　牛奶发酵试验

一、实验目的

（1）掌握微生物的生化反应原理在微生物分类鉴定中的重要作用。

（2）掌握牛奶发酵试验操作方法。

二、实验原理

有些细菌能发酵乳糖、凝固酪蛋白并大量产气，呈“爆裂发酵”现象。

三、实验器材

1. 仪器和其他用具

无菌吸管、酒精灯、无菌试管、水浴锅。

2. 实验试剂

纯化后菌液、含铁牛奶培养基、新鲜全脂牛奶。

四、实验步骤

（1）将已培养的菌液接种于含铁牛奶培养基中。

（2）放入46 ± 0.5℃水浴中培养 2h 后，每小时观察1次。

（3）观察现象：① 阳性反应（“暴烈发酵” 现象）：乳凝结物破碎后快速形成海绵样物质，通常会上升到培养基表面。② 阴性反应：5h 内不发酵。

五、实验结果

观察并记录培养基在培养前后的变化，分析实验结果。

实验四十四　DNA提取

一、实验目的

熟练掌握抽提细菌DNA的一般方法。

二、实验原理

基因工程实验所需要的基因组DNA 通常要求分子量尽可能大，以此增加外源基因获得率，但要获得大片段的DNA并非易事，细菌基因组DNA通常是个很大的环状DNA，而在抽提过程中，不可避免的机械剪切力必将切断DNA，如果要抽提到大的DNA 分子，就要尽可能地温和操作，减少剪切力，减少切断DNA 分子的可能性；分子热运动也会减少所抽提到的DNA分子量，所以提取过程也要尽可能在低温下进行。另外，细胞内及抽提器皿中污染的核酸酶也会降解制备过程中的DNA，所以制备过程要抑制其核酸酶的活性。

此外，制备的细菌染色体DNA 必须是高纯度的，以满足基因工程中各种酶反应的需要，制备的样品必须没有蛋白污染，没有RNA，各种离子浓度应符合要求，这些在染色体制备时都应考虑到。

大肠埃希菌染色体DNA 抽提首先收集对数生长期的细胞，然后用离子型表面活性剂十二烷基磺酸钠（SDS）破裂细胞，SDS 具有的主要功能：① 溶解细胞膜上的脂类和蛋白质，从而溶解膜蛋白并破坏细胞膜；② 解聚细胞膜上的脂类和蛋白质，有助于消除染色体DNA上的蛋白质；③ SDS 能与蛋白质结合成为R_1—O—SO_3R_2—蛋白质的复合物，使蛋白质变性而沉淀下来。但是SDS 能抑制核糖核酸酶的作用，所以在以后的提取过程中，必须把它除干净，以免影响下一步RNase的作用。破细胞后RNA经核糖核酸酶（RNase）消化除去，蛋白质经苯酚、氯仿/异戊醇抽提除去，DNA经乙醇沉淀回收。枯草杆菌染色体的制备与上类似，但略加修改的方法要适合教学要求。枯草杆菌是革兰氏阳性菌，所以在SDS处理前需要使用溶菌酶裂解细胞壁。溶菌酶是一种糖苷水解酶，它能水解菌体细胞壁的主要化学成分肽聚糖中的β-1，4糖苷键，有助于细胞壁破裂，破裂的细胞壁在SDS的作用下溶菌，同时用蛋白酶K消化蛋白质，能解离缠绕在染色体DNA上的蛋白质。然后加入一定量的醋酸钾，使蛋白质变性，通过离心除去，在这期间可加入核糖核酸酶消化RNA，最后用乙醇回收DNA。

这两种方法抽提的细菌染色体DNA，无RNA和蛋白质污染，可用于限制性内切酶消化、分子再克隆等。但在下一步实验前，要测定其DNA的浓度，常用测定DNA浓度的方法是溴化乙啶电泳法。当DNA样品在琼脂糖凝胶中电泳时，加入的EB会增强发射的荧光，而荧光的强度正比于DNA的含量，如将已知浓度的标准样品作电泳对照，就可估计出待测样品的浓度。

三、实验器材

1. 仪器和其他用具

玻璃离心管（10ml）、移液管（10ml、5ml）、微量取样器、烧杯、玻璃棒、试管、三角瓶、电泳设备、恒温水浴锅、低速离心机、恒温振荡器、紫外检测仪。

2. 实验试剂

大肠埃希菌菌株、枯草杆菌BR151、LB 完全肉汤培养液、BY 培养液、SET 溶液、20%SDS、饱和酚、氯仿/异戊醇（24∶1）、预冷无水酒精、TE 溶液、RNase溶液、5mol/L 醋酸钾、蛋白酶K 20mg/ml。

四、实验步骤

1. 大肠埃希菌染色体DNA的抽提

（1）取大肠埃希菌C600单菌落于5ml LB培养液中，37℃振荡培养过夜。

（2）将上述菌液1%接种量接种于20ml LB 培养液中，37℃摇床振荡培养过夜。

（3）已培养好的菌液，收集于10ml的离心管中，在低速离心机上4000r/min离心

10min，去上清，留沉淀菌体。

（4）用5ml的SET溶液悬浮细胞，加入20%SDS 1ml，37℃下轻摇过夜，使细胞裂解。

（5）加入等体积的饱和酚，上下轻轻摇匀，放置5min后，在低速离心机上3500r/min离心10min。

（6）取上相，加入1/2体积的饱和酚，1/2体积的氯仿-异戊醇，上下翻转均匀，3500r/min离心10min。

（7）取上相，加入等体积的氯仿/异戊醇，如第（6）步，离心。

（8）取上相于一干净离心管中，另在一个50ml的烧杯中加入15ml预冷无水酒精，把上述的上相液沿着玻棒慢慢倒入酒精中，并温和地搅拌以使DNA附着于玻棒上。

（9）挑起DNA，再放于干净的酒精中洗涤，然后把DNA溶于50ml TE中，待测浓度。

2. 枯草杆菌染色体DNA的抽提

（1）在BY斜面上划线活化枯草杆菌BR151。

（2）挑一环已活化的BR151菌株于20ml的BY培养液中，37℃摇床振荡培养过夜。

（3）收集10ml过夜培养物于离心管内，在低速离心机上3500r/min离心10min。

（4）沉淀菌体加入0.75ml溶菌酶液（8mg溶菌酶/1ml SET），振荡器上悬浮细胞，悬浮液移入1.5ml离心管，室温静置30min。

（5）在反应液中加入0.15ml SDS溶液，蛋白酶K溶液5μl，37℃水浴10min后转入75℃水浴5min。

（6）加入5mol/L醋酸钾0.3ml，上下翻转均匀，置于冰上30min，期间不时摇动。于台式高速离心机以10000r/min离心10min。

（7）上清液移入另一离心管，弃沉淀。重复第（6）步。

（8）上清液移入5ml的离心管内，缓慢加入2倍体积的无水酒精，DNA呈絮状沉淀。用一灭菌牙签，挑起DNA沉淀，溶于50μl TE中。待检查浓度。

（9）若无絮状沉，则把其置于-20℃冷冻3h（或-70℃冷冻30min），取出离心10min（10000r/min），去上清，晾干，加入50μl TE溶解（取20μl点样测定）。

3. 染色体DNA制备样品浓度测定

（1）制备琼脂糖凝胶（0.6%）。

（2）分别取标准浓度的λDNA 0.05μg、0.1μg、0.15μg和0.2μg，加相应的加样缓冲液混合好，点样。

（3）取2μl染色体DNA样品点样（冷冻离心获取的DNA样品取50μl点样），打开电泳仪电泳，待溴酚蓝进入凝胶2cm后，停止电泳，紫外灯下观察，估计样品DNA浓度。

五、实验结果

紫外光下观察DNA样品纯度，计算出制备的DNA总量和浓度。

实验四十五　大肠埃希菌感受态细胞的制备和质粒DNA的转化

一、实验目的

（1）掌握制备和保存大肠埃希菌感受态细胞的方法。

（2）掌握转化的方法技术。

二、实验原理

在自然条件下，很多质粒都可通过细菌接合作用转移到新的宿主内，但在人工构建的质粒载体中，一般缺乏此种转移所必需的*mob*基因，因此不能自行完成从一个细胞到另一个细胞的接合转移。如需将质粒载体转移进受体细菌，需将对数生长期的细菌（受体细胞）经理化方法处理后，使细胞膜的通透性发生暂时性改变，成为能允许外源DNA分子进入的细胞，这种细胞称为感受态细胞。

常用的感受态细胞制备方法有氯化钾法、氯化钙法、电击感受态制备等。KCl（氯化钾）法制备的感受态细胞转化效率较高，但制备较复杂，不适合实验室用。电击感受态细胞转化效率高，操作简便，但需电击仪。氯化钙法简便易行，且其转化效率完全可以满足一般实验的要求，制备出的感受态细胞暂时不用时，可加入占总体积15%的无菌甘油于-70℃以下保存半年，因此氯化钙法使用更为广泛。

转化是将外源DNA分子引入受体细胞，使之获得新的遗传性状的一种手段，它是微生物遗传、分子遗传、基因工程等研究领域的基本实验技术。

转化过程所用的受体细胞一般是限制修饰系统缺陷的变异株，即不含限制性内切酶和甲基化酶的突变体，它可以容忍外源DNA分子进入体内并稳定地遗传给后代。受体细胞经过一些特殊方法（如物理制备法、化学制备法等）的处理后，细胞膜的通透性发生了暂时性的改变，成为能允许外源DNA分子进入的感受态细胞。进入受体细胞的DNA分子通过复制、表达实现遗传信息的转移，使受体细胞出现新的遗传性状。将经过转化后的细胞在筛选培养基中培养，即可筛选出转化子（即带有异源DNA分子的受体细胞）。

三、实验器材

1. 仪器和其他用具

恒温摇床、电热恒温培养箱、台式高速离心机、超净工作台、低温冰箱、恒温水浴锅、制冰机、分光光度计、微量移液枪、艾本德（Eppendorf）管等。

2. 实验试剂

*E.coliDH5*α菌株、质粒、0.1mol/L的氯化钙、LB液体培养基、LB固体培养基、Kana母液（卡那霉素母液配成100mg/ml水溶液，−20℃保存备用）。

四、实验步骤

本实验以*E.coliDH5*α菌株为受体细胞，并用氯化钙处理，使其处于感受态，然后与质粒共保温，实现转化。由于质粒带有卡那霉素抗性基因，可通过卡那霉素抗性来筛选转化子。如受体细胞没有转入质粒，则在含卡那霉素的培养基上不能生长。能在卡那霉素培养基上生长的受体细胞（转化子）肯定已导入了质粒。转化子扩增后，可将转化的质粒提取出，进行电泳、酶切等进一步鉴定。

1. 受体菌的培养

（1）从LB平板上挑取新活化的*E.coliDH5*α单菌落，接种于3~5ml LB液体培养基中，37 ℃，180r/min振荡培养过夜。

（2）将该菌悬液以1:（30~100）的比例接种于100ml LB液体培养基中，37℃ 振荡培养2~3h至OD_{600}在0.3~0.4。

（3）无菌条件下取1.5 ml菌液到Eppendorf管中，冰浴10min、4℃，8000r/min离心5min。

（4）彻底弃上清液，在冰浴上加入500μl预冷的无菌氯化钙（0.1mol/L）使细胞悬浮。

（5）4℃ 、8000r/min离心4min，弃上清液。

（6）用100μl预冷的无菌氯化钙（0.1mol/L）重新悬浮细胞，冰上备用。

2. 转化

（1）取50μl感受态细胞悬液，在冰浴中使其解冻，加入10μl连接产物或质粒DNA（含量不超过50ng，体积不超过10μl），轻轻摇匀，冰上冷却30~40min。

A. 质粒DNA组：10μl 质粒DNA+50μl 感受态细胞悬液。

B. 空白对照组：10μl无菌水+50μl感受态细胞悬液。

（2）42℃水浴中热击90s（勿摇动），热击后迅速置于冰上冷却2min。

（3）向管中加入400μl LB液体培养基（不含卡那霉素），混匀后37℃、180转/分振荡培养40min，使细菌恢复正常生长状态，并表达质粒编码的抗生素抗性基因（卡那霉素）。

五、实验结果

观察感受态细胞的特点。

实验四十六　选择性平板检出

一、实验目的

（1）掌握选择性平板的制备。

（2）掌握选择性平板的应用。

二、实验原理

携带有外源基因的质粒上通常有抗性基因，例如实验四十五中质粒携带有卡那霉素抗性基因。当质粒成功转化进入细菌中，则细菌可以在含有卡那霉素的培养基上生长，反之，未转化成功的细菌或未成功表达质粒上基因的细菌则无法在含有卡那霉素的培养基上生长，通过选择培养基上便可将转化成功的细菌筛选出来。

三、实验器材

1. 仪器和其他用具

无菌吸管、酒精灯、无菌试管、水浴锅、CO_2恒温培养箱、微量移液枪、平板、培养皿等。

2. 实验试剂

实验四十五所得菌液、LB培养基、卡那霉素等。

四、实验步骤

（1）将灭菌的LB固体培养基水浴溶解后冷却至60℃左右，加入卡那霉素储存液，使终浓度为50~100μl/mL，摇匀后倒平板。

（2）将实验四十五所得菌液摇匀后取80μl涂布于含卡那霉素的筛选平板上，在菌液完全被培养基吸收后，37℃倒置培养皿培养12~18h。

（3）观察结果。

五、实验结果

观察平板上的菌落特征，分析原因。

实验四十七　质粒快速检测

一、实验目的

（1）了解质粒快速检测的原理。

（2）学习和掌握根瘤菌质粒快速检测的技术和方法。

二、实验原理

质粒是存在于染色体外能够独立复制的遗传物质，它普遍存在于细菌体内，根瘤菌也不例外，现在已知大多数快生型根瘤菌中普遍含有数目不同、分子质量为（90~1000）$\times 10^6$Da的大质粒。根瘤菌的质粒DNA包含了大量的遗传信息，根瘤菌的许多重要特征如对宿主的专一性、结瘤属性、固氮特性，细菌素的产生等都与质粒有关，因此质粒的检测是根瘤菌研究中的重要内容。

根瘤菌质粒的快速检测采用的是一种反应条件非常温和的检测方法，尤其适合于根瘤菌大质粒的检测，因为大质粒在提取过程中往往遭到破坏。快速检测法是将细胞裂解与电泳同时进行，省去了质粒DNA抽取的过程，具有快速、简便和准确的优点，已普遍用于对质粒DNA的检测。

由于根瘤菌产黏液较多，会影响溶菌酶处理的效果，因此检测时首先采用限制性PA培养基获得没有或少带黏液并处于对数生长期的菌体，在冰上放置30min，使细胞处于冷却状态。然后加入溶菌酶和核糖核酸的裂解液，混合均匀，转入预先制备好的含有SDS的凝胶，进行点样。在溶菌和分解RNA的同时，进行电泳。溶菌后，蛋白质和细胞碎片会留在点样槽内，核酸等物质则进入凝胶中电泳。质粒DNA和染色体片段由于大小、结构和电荷状况上的差异而在凝胶内自行分开。电泳结束后用溴化乙啶染色，然后在紫外线检测仪上观察结果。

三、实验器材

1. 仪器和其他用具

电泳仪、电泳槽、台式高速离心机、振荡机、微量加量器、EP离心管。

2. 实验试剂

待检测根瘤菌斜面菌种、PA液体培养基、TY固体培养基、10× TBE电泳缓冲液、Tris蔗糖溶液、RNA酶缓冲液、RNA酶溶液、溶菌酶溶液、裂解液（临用前配制）、溴酚蓝指示剂、10%SDS、SDS琼脂糖凝胶、溴化乙啶（EB）诱变剂等。

四、实验步骤

1. 琼脂糖凝胶的制备

（1）用70%乙醇擦洗电泳胶板、挡板、隔板及梳子。

（2）用夹子将隔板及梳子夹住，平放在电泳胶板上。注意隔板及梳子的底端整齐，并且梳子的底部与胶板的间距为0.5mm，同时上好挡板。

（3）配制0.65%的琼脂糖TBE胶，在微波炉或沸水浴中融化后摇匀，冷至65℃左右倒在胶板上，倒胶之前先用琼脂封住电泳板的四周，以免漏胶。

（4）配制3.5ml的SDS琼脂凝胶，融化后于65℃水浴中，保存备用。

（5）待凝胶完全冷却后，小心地去除隔板，再将SDS凝胶注满由隔板形成的凹槽。

（6）待SDS胶冷却后，小心地拔出梳子，放入电泳槽中，准备进行电泳。

2. 根瘤菌质粒DNA制备

（1）将待检测根瘤菌在TY固体培养基上活化。

（2）将活化后的菌株接种于5ml PA培养基中，于28℃振荡培养过夜，培养至对数生长中期（菌数约为10^6个/ml）。

（3）取1ml菌悬液至1.5ml的EP离心管中以转速10000r/min离心1min，弃去上清液并用滤纸条吸去多余的液体，置于冰上放置30min。

（4）加入新鲜配制的裂解液约50μl（视菌体的多少而定），摇匀后用点样器点入点样槽内，一般每槽点样量为20~30μl。

3. 电泳及观察

（1）接通电源，使点样槽位于负极，先在20V的低电压下电泳30min，然后升高到100V电泳6h。电泳过程中应注意观察溴酚蓝指示剂的电泳位置及情况。

（2）关闭电源，取出电泳胶板，将凝胶放在含0.5μl/ml溴化乙啶的染色剂中染色15~30min，再转入蒸馏水中脱色15~30min。

（3）将脱色后的凝胶放在暗室中的紫外透射仪上观察结果，并注意戴好防护面罩。

五、实验结果

（1）简要说明根瘤菌质粒快速检测的原理。

（2）图示待测根瘤菌质粒的电泳条带，并分析其结果。

实验四十八　PCR技术在细菌鉴定中的应用

一、实验目的

（1）学习与掌握微生物DNA分子鉴定的方法与技术。

（2）熟悉聚合酶链反应（polymerase chain reaction，PCR）技术在微生物分类学中的应用。

二、实验原理

随着分子生物学、化学分析技术的快速发展，微生物鉴定的方法与技术得到了相应的扩展。Woese建立的16S rRNA（18S rRNA）基因序列分析方法对生命科学理论研究与实际应用产生重大的影响。1985年，美国Cetus公司的Mullis等创立了一种聚合酶链反应技术，在生命科学的各个领域中都得到了广泛的应用，同样在微生物鉴定中也发挥了重要作用。正因为这种方法与技术产生的深远影响，Mullis等科学家获得了诺贝尔生理学或医学奖。

PCR技术在微生物菌种鉴定中的应用主要包括：

（1）DNA指纹图谱的分析，包括随机扩增多态性DNA、扩增rDNA限制性片段分析和扩增片段长度多态性等，通过PCR技术对微生物染色体DNA进行比较分析。

（2）16S rRNA（18S rRNA）的序列检测。

这些技术已成为确定微生物分类地位的关键性依据。

实际上，PCR技术是将生物体内的DNA复制过程在体外进行。

Spilker等根据假单胞菌最新的系统发育（16S rRNA序列）数据设计出能准确从属与种的水平上鉴定假单胞菌与铜绿假单胞菌的特异性引物，建立了简便、快速并能准确鉴定假单胞菌与铜绿假单胞菌的PCR技术。

本实验应用PCR技术，根据Spilker等设计的引物鉴定假单胞菌和铜绿假单胞菌。

三、实验器材

1. 仪器和其他用具

冷冻离心机、台式离心机、PCR仪、水浴锅、样品干燥箱、进样枪、离心管、枪头、凝胶电泳仪和引物等。

2. 实验试剂

铜绿假单胞菌（模式菌株）、石竹伯克霍尔德菌（模式菌株）、假单胞菌（待鉴定菌株）、琼脂糖、溴化乙啶溶液、TE缓冲液、无水乙醇、电泳缓冲液、LB培养基等。

四、实验步骤

1. 细菌染色体DNA的制备

（1）菌种的培养：从平板单个菌落或斜面上挑取少许菌苔接入新鲜的营养肉汤培养液中，置37℃振荡培养（200~250r/min）过夜，再将培养液转入LB培养液中，继续培养12~16h。

（2）细菌染色体DNA的制备。

（3）*OD*值的测定：取适量的DNA样品加入微量的比色杯中，通过紫外分光光度计分别测定DNA在280nm和260nm处的*OD*值。根据*OD*值可以确定样品中DNA的浓度，并通过OD_{260}/OD_{280}的比值评价DNA的纯度。

2. PCR扩增

（1）引物：根据已鉴定假单胞菌和铜绿假单胞菌菌种，合成相应的引物。

（2）PCR扩增：根据PCR的反应体系和反应条件进行扩增。

3. 琼脂糖凝胶电泳

PCR产物检测依不同的用途而异。用于细菌鉴定较为简便，通常经琼脂糖凝胶电泳分析DNA便可。

（1）琼脂糖凝胶的制备。

（2）上样：取大小适宜的进样枪，调好取样量，在枪的前端套上无菌枪头，吸取DNA样品2~3μl在0.5ml离心管或以其他方式与上样缓冲液按6∶1的比例混合均匀，再将混合物全部吸取，小心地加入琼脂糖凝胶样孔内。

（3）电泳：打开电泳仪电源，并调节电压。电泳开始时可将电压稍调高（−8V/cm）；待样品完全离开样孔后，将电压调到1~5 V/cm，继续电泳。

（4）结果观察：待溴酚蓝颜色迁移到凝胶约2/3处时，便可关闭电源；戴上一次性手套，取出凝胶，放在凝胶观察仪上，打开紫外灯观察凝胶上的DNA带，并照相或做记录。

五、实验结果

（1）在紫外灯下观察琼脂糖凝胶的结果并通过成像系统将结果照相。

（2）比较待测菌株铜绿假单胞菌以及非假单胞菌菌种PCR产物的异同。

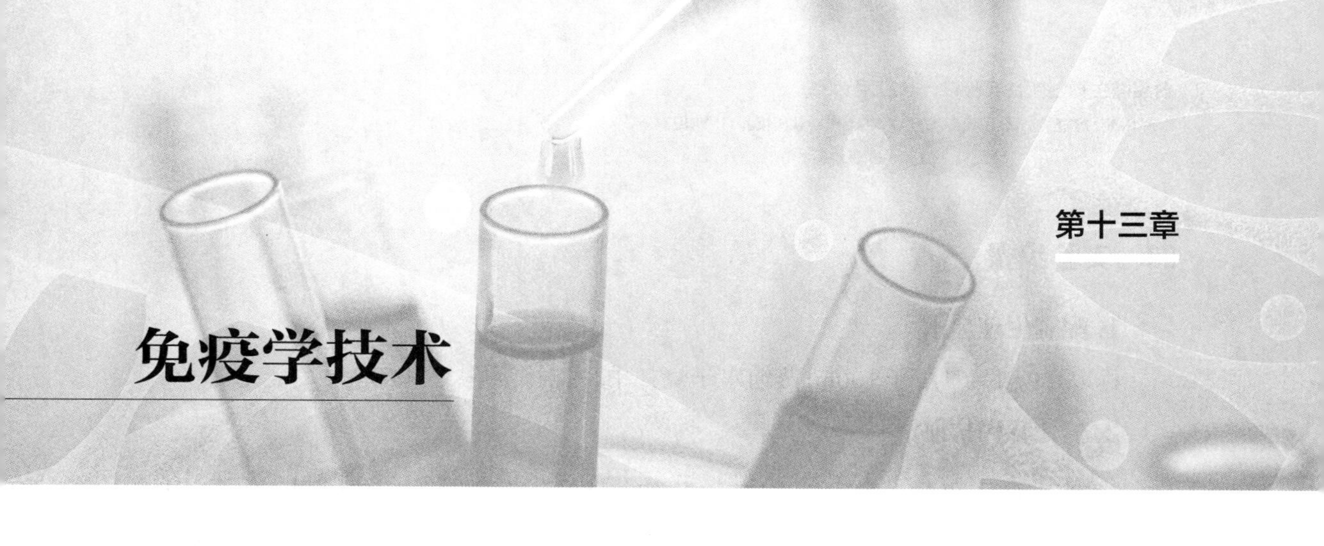

实验四十九　凝集反应

一、实验目的

掌握用凝集反应测定抗体效价的方法。

二、实验原理

抗原、抗体之间的相互反应称为免疫学反应或血清学反应,抗原性不同、试验方法不同，抗原、抗体的反应可能表现出不同现象。但不管表现形式如何，免疫学反应的本质都是抗原和抗体的特异性结合。凝集反应（aeglutimation）是指颗粒性抗原或可溶性抗原与载体颗粒结合成致敏颗粒后与相应抗体在适量电解质存在下,形成肉眼可见的凝集块。凝集试验具有敏感度高、方法简便的特点,广泛用于细菌鉴定、分型,抗原分析,测定抗体和诊断疾病等临床检验中，是免疫学经典技术之一。颗粒性抗原在适量电解质参与下,直接与相应抗体反应出现凝集现象称为直接凝集反应。反应中的抗原称凝集原，抗体称凝集素。常见的直接凝集试验有玻片法、试管法等。

三、实验器材

1. 仪器和其他用具

常用手术器械、培养皿、96孔板、移液枪、枪头。

2. 实验试剂

兔红细胞悬浮液、NaCl、兔抗红细胞血清。

四、实验步骤

1. 配制生理盐水

称取0.9g NaCl溶于100ml蒸馏水于烧杯中，搅拌溶解。

2. 倍比稀释抗血清

在96孔板上放6个小的离心管，并标记好1~6的数字，分别为1∶2—1号管；1∶4—2号管；1∶8—3号管；1∶16—4号管；1∶32—5号管；1∶64—6号管，分别在6个离心管中加入100μl的生理盐水，在1号管中加入100μl抗血清，充分混匀；吸取1号管中100μl溶液于2号管中，充分混匀；以此类推，至吸取5号管中100μl溶液于6号管中，混匀。

3. 用不同稀释度的抗血清观察凝集反应

取3块载玻片，用记号笔标记“阴性对照”“阳性对照”于1号板，“1∶2”“1∶4”于2号板，“1∶8”“1∶16”于3号板。在“阴性对照”处滴30μl生理盐水，在“阳性对照”处滴30μl抗血清原液，在“1∶2”“1∶4”“1∶8”“1∶16”处滴对应稀释度的抗血清30μl。随后，在6处都滴加30μl兔红细胞悬浮液（抗原），混匀，并振荡去除气泡。待其反应15min，观察现象。

五、实验结果

记录实验结果，根据结果观察得出抗体效价并画出示意图。

实验五十　酶联免疫吸附试验

一、实验目的

（1）掌握酶联免疫吸附试验（enzyme linked immunosorbent assay，ELISA）的原理。

（2）熟悉ELISA的操作方法。

二、实验原理

酸联免疫吸附试验是以免疫学反应为基础,将抗原、抗体的特异性反应与酶对底物的高效催化作用相结合的一种敏感性较高的试验技术。其基本原理如下：抗原或抗体可通过共价键与酶连接形成酶结合物，且此种酶结合物仍能保持其免疫学和酶学活性;抗原或抗体可以物理性地吸附于固相载体表面，可能是蛋白和聚苯乙烯表面间的疏水性部分相互吸附,但这种吸附不影响其免疫学活性;酶标抗体（或抗原）与固相载体上的相应抗原（或抗体）结合，可根据加入底物的颜色反应来判定是否有免疫反应的存在,而且颜色反应的深浅是与标本中相应抗原或抗体的量成正比例的。如果利用酶标仪测定光吸收值，可以做定量分析。根据标记抗原、抗体不同,ELISA技术包括双抗夹心法、间接法、竞争法等。因其具特异、敏感、简单、快速、稳定及结果判断客观等优点,ELISA技术不仅是在微生物学领域，在生物医学各领域的应用范围也日益扩大。

黄曲霉毒素（AFT）是黄曲霉和寄生曲霉等某些菌株产生的双呋喃环类毒素。其衍生物有约20种，分别命名为B1、B2、G1、G2、M1、M2、GM、P1、Q1、毒醇等。其中以B1的毒性最大，致癌性最强。产毒素的黄曲霉菌很容易在水分含量较高（水分含量低于12%则不能繁殖）的禾谷类作物、油料作物籽实及其加工副产品中寄生繁殖和产生毒素，使其发霉变质，人们通过误食这些食品或其加工副产品，又经消化道吸收毒素而中毒。1993年，黄曲霉毒素被世界卫生组织（WHO）癌症研究机构划定为一类天然存在的致癌物，是毒性极强的剧毒物质。黄曲霉毒素的主要检测手段是薄层层析法和高效液相法，通过酶联免疫吸附法测定黄曲霉毒素含量具有检测限小、稳定性强等优点。

三、实验器材

1. 试验样品与试剂

茶叶、黄曲霉毒素B1标准溶液、黄曲霉毒素B1酶联免疫试剂盒、硅胶G、乙醚、无水硫酸钠、三氯甲烷、盐酸、乙腈、苯、丙酮等。

2. 仪器

电热恒温培养箱、水浴恒温振荡器、生物安全柜、酶标仪、电子天平、移液枪、冰箱、紫外可见分光光度计、手提式紫外检测灯。

四、实验方法

1. 样品的配制

（1）茶叶样品溶液：准确称取5.0g茶叶（提前研磨成40目粉末）加入25.0ml三氯甲烷水溶液，振摇15min，过滤；精确移取4ml滤液于具塞西林瓶中，依法精密量取4ml样品稀释液，振摇混匀，4℃冰箱保存备用。

（2）加标茶叶样品溶液：分别准确称取3份5.0g茶叶，分别加入1.25、37.5、75μl的0.2μg/ml黄曲霉毒素B1标准溶液，放置12h后。分别精密量取加入25.0ml甲醇水溶液，振摇15min，过滤。分别精密量取移取4ml各滤液，加入4ml样品稀释液，振摇混合，4℃冰箱保存备用。

2. 标准曲线的绘制

在多孔检测板上，平行选取3组7孔分别加入黄曲霉毒素B1系列标准溶液（0、0.1、0.25、0.5、1、2ng/ml）50μl，依法在450nm处测得的吸光值A 450nm，结果绘制标准曲线。

3. 稳定性实验

在6个孔中加入黄曲霉毒素B1系列标准溶液，同上操作，测吸光值A450nm，放置24h，再次测定吸光值A450nm，根据公式（1）计算得到结果，文献标准限量为≤5%。并使用SPSS 19.0软件分析其吸光值0 h（吸光值零小时）组与吸光值24h（吸光值24h）组的显著性，$P>0.05$为差异不显著。

4. 检出限实验

精确量取50μl样品稀释液，加置于检测板7个孔，同上操作，测得的吸光值A450nm，在标准曲线中得到7个浓度值，计算标准偏差（STD值）、检出限（MDL值规定狎0.1ng/ml）。

5. 精密度实验

分别精密量取样品稀释液50μl，置于3组检测板的5个孔中，同上操作，测定吸光值A450nm，然后计算其相对标准偏差（RSD值）。

6. 重现性实验

分别精密量取茶叶样品溶液50μl，同上操作。

7. 特异性实验

依次精密量取中各种试液，分别置于检测板平行6孔三组中，同上操作，测定吸光值A450nm。

8. 加标茶叶样品实验

精密量取加标茶叶样品溶液进行实验，分别置于检测板三组6孔中，组内设3个平行样浓度，同上操作，测定吸光值A450nm。

五、实验结果

绘制标准曲线，并求出茶叶样品中黄曲霉毒素的含量。

实验五十一　蛋白质免疫印迹

一、实验目的

（1）熟悉蛋白质免疫印迹的原理及用途。

（2）学习蛋白质免疫印迹的操作方法。

二、实验原理

免疫印迹试验（Westen Blotting），也称为蛋白质印迹，即先将蛋白质经高分辨率的聚丙烯酰胺凝胶电泳（PAGE）有效分离成许多蛋白质区带，分离后的蛋白质转移到固定基质上，然后以抗体为探针，与附着于固相基质上的靶蛋白所呈现的抗原表面发生特异性反应，最后结合上的抗体可用多种二级免疫学试剂（如21标记的抗免疫球蛋白、与过氧化物酶或碱性磷酸酶偶联的抗免疫球蛋白等）检测。蛋白质印迹法可测出1~5ng的待检蛋白质。该技术主要用于未知蛋白质的检测及抗原组分、抗原决定簇的分子生物学测定;同时也可用于未知抗体的检测和McAb的鉴定等。

三、实验器材

1. 溶液和试剂

（1）裂解缓冲液：0.15mol/L NaCl；EDTA 5mmol/L，pH值 8.0；1% Triton X-100；

Tris-Cl 10mmol/L，pH值7.4。用之前加入0.1%二硫苏糖醇5mol/L，0.1% PMSF 100mmol/L和0.1% 6-氨基已酸5mol/L。裂解缓冲液用量为10~50ml/g湿菌体。

（2）300g/L聚丙烯酰胺：丙烯酰胺29g；N, N'-双丙烯酰胺1g，加水至100ml，室温避光保存数月。

（3）100g/L十二烷基硫酸钠用去离子水配成100g/L溶液，室温保存。

（4）100g/L过硫酸铵：过硫酸铵1g，加水至10ml，现配现用，可4℃保存1周。

（5）分离胶缓冲液（15ml，pH值8.8）：Tris 18.2g，十二烷基硫酸钠 0.4g，HCl调pH值至8.8，总体积为100ml。

（6）浓缩胶缓冲液（0.5mol/L，pH值6.8）：Tris 6.05g，十二烷基硫酸钠 0.4g，HCl调pH值至6.8，总体积为100ml。

（7）5×Tris -甘氨酸电极缓冲液：Tris15.1g，Gly 72g，十二烷基硫酸钠5g，加水至1000ml。

（8）5×十二烷基硫酸钠凝胶加样缓冲液：250mmol/L Tris · HC（pH值6.8），十二烷基硫酸钠100g/L，溴酚蓝5g/L，50%甘油，5%B-巯基乙醇（使用前添加）。

（9）考马斯亮蓝G250溶液（蛋白质定量专用）：考马斯亮蓝G250 100mg，95%乙醇50ml，磷酸100ml，加去离子水至1000ml。配制时，先用乙醇溶解考马斯亮蓝染料，再加入磷酸和水，混匀后，用滤纸过滤，4℃保存。

（10）0.15 mol/L NaCl：NaCl 0.877g，加去离子水至100ml，高温灭菌后，室温保存。

（11）100mg/ml牛血清白蛋白：牛血清白蛋白 0.1g，0.15mol/L NaCl 1ml，溶解后-20℃保存。制作蛋白质标准曲线时，用0.15mol/L NaCl进行100倍稀释成1mg/ml，-20℃保存。

（12）转移电泳缓冲液：Tris 5.8g，甘氨酸2.9g，十二烷基硫酸钠0.37g，甲醇200ml，加去离子水至1000ml。

（13）丽春红染色液：称1.0g用1.0ml乙酸溶解，再定容到100ml。

（14）PBS缓冲液（pH值7.4）：NaCl 8g，氯化钾0.2g，磷酸氢二钠1.42g，磷酸二氢钾0.27g，加去离子水至1000ml。

（15）洗涤缓冲液（PBST）：1000ml PBS缓冲液中加入0.5 ml Tween-20。

（16）封闭缓冲液：用PBST缓冲液加入50g/L脱脂奶粉，现配现用，放4℃保存。

（17）显色体系：可选择两者之一：① 邻苯二胺生色缓冲液：0.01 mmol/L，Tris · HCl（pH值7.6）9ml，邻苯二胺6mg，氯化镍3g/L 或氯化钴1ml，30%过氧化氢10μl，现配现用。② 加强化学发光物质。

2. 仪器和其他用品

电泳仪、垂直电泳槽等电泳常用设备、电泳印迹装置、振荡器、磁力搅拌器、X线片、自动洗片机等

四、实验步骤

1. 蛋白质样品的制备

（1）4℃，10000r/min离心10min收集菌体。

（2）用PBS缓冲液洗涤菌体2次。沉淀加入1ml裂解缓冲液悬浮菌体。

（3）超声破碎细菌，300W，10s超声/10s间隔，超声20min。反复冻融超声3次至菌液变清或变色。

（4）10000r/min离心10min。将上清移到新的离心管中，弃去沉淀。

2. 蛋白质含量的测定

1）制作标准曲线

（1）取小离心管分别标记为0、2.5、5.0、10.0、20.0、40.0μg，每个样品有3个重复。

（2）按表13-51-1在各管中加入各种试剂。

表13-51-1　各管中试剂量

	0μg	2.5μg	5.0μg	10.0μg	20.0μg	40.0μg
1mg/ml BSA（μl）	—	2.5	5.0	10.0	20.0	40.0
0.15mol/L NaCl（μl）	100	97.5	95.0	90.0	80.0	60.0
考马斯亮蓝G250溶液（ml）	1	1	1	1	1	1

（3）混匀后，室温放置2min。在分光光度计上比色分析。

2）检测样品蛋白质含量

（1）取1.5ml离心管，每管加入考马斯亮蓝溶液1ml。

（2）取一管考马斯亮蓝加95μl 0.15 mol/L NaCl溶液和5μl待测蛋白质样品，另一管中加100μl 0.15 mol/L NaCl溶液，作为空白对照，混匀后静置2min，在分光光度计上比色分析。

注意：测得的结果是5μl样品含的蛋白质量。

3. SDS-PAGE电泳

（1）安装好灌胶装置。

（2）按配方（表13-51-2）配制合适浓度的分离胶，一般配100g/L分离胶，混匀后快速灌入至梳子孔下1cm，然后在胶上加一层去离子水。

表13-51-2　分离胶的配制

	双蒸水	300g/L 聚丙烯酰胺	1.5mol/L Tris-HCl（pH值8.8）	1.0 mol/L Tris-HCl（pH值6.8）	100g/L 十二烷基硫酸钠	100g/L 过硫酸铵	四甲基乙二胺
100g/L分离胶（5ml）	1.9	1.7	1.3	0	0.05	0.05	0.003
50g/L浓缩胶（2ml）	1.36	0.34	0	0.26	0.02	0.02	0.002

（3）凝胶凝固后，倒掉胶上层水，并用吸水纸将水吸干

（4）按配方配制50g/L的浓缩胶，混匀后快速灌入，并立即插入梳子。

（5）浓缩胶凝固后，将凝胶放入电泳槽，并加入电泳缓冲液。

（6）测完蛋白质含量后，计算含20~50μg蛋白质（根据自己的实验需要进行选择，没有固定的量）的溶液体积即为上样量。上样样品中加入上样缓冲液

（7）上样前要将样品煮沸5~10min使蛋白质变性，室温冷却5min后离心数秒。电泳过程中使用预染蛋白Marker作为蛋白质相对分子质量参照。

（8）按 SDS- PAGE不连续缓冲系统进行电泳，凝胶上所加电压为8V/cm。当染料前沿进入分胶后，将电压提高到15V/cm，继续电泳至溴芬蓝到达分离胶底部（约需4h），然后关掉电源终止电泳。

4. 转膜

（1）戴上手套、切6张Whatman 3mm滤纸和1张硝酸纤维素膜，其大小都应与凝胶大小完全吻合。

注意：拿取凝胶、3mm滤纸和硝酸纤维素膜时必须戴手套。

（2）将硝酸纤维素膜和滤纸浸泡于转移缓冲液中5min以上，以驱除留于滤膜和滤纸上的气泡。

（3）在转移电泳槽中按照凝胶在阴极，膜在阳极原则，顺序依次放入3层滤纸、凝胶、硝酸纤维素膜、3层滤纸。滤纸、凝胶和膜叠放中要精确对齐，并且每加入一层，都需要用玻棒轻擀，排除所有气泡。

（4）连接好电泳槽，按照1~2mA/cm^2凝胶面积设置电流，根据蛋白质大小调整电泳时间。

5. 硝酸纤维素薄膜上蛋白质染色（用预染蛋白Marker这一步可以省略）

（1）电转移结束后，拆卸转移装置，将硝酸纤维素膜移至小容器中。

（2）将硝酸纤维素膜浸泡于离子水中5min以上，以驱除留于其上的气泡。

（3）将硝酸纤维素膜置于丽春红染色液中染色5~10min，期间轻轻摇动托盘。

（4）蛋白质带出现后，于室温用去离子水漂洗硝酸纤维素膜，期间换水数次。

（5）用防水性印度墨汁标出作为相对分子质量标准的参照蛋白质位置。

6. 免疫检测

（1）膜的封闭：将硝酸纤维素膜完全没入封闭缓冲液中，室温轻轻摇动30~60min或者4℃过夜。

（2）洗膜：倒掉封闭液，用PBST缓冲液轻洗3次，每次10min。

（3）加入一抗：倒掉PBST缓冲液，将一抗用PBST缓冲液稀释至适当浓度后加入容器中至完全浸没硝酸纤素膜，室温轻轻摇动1h。

（4）洗膜：倒掉一抗溶液，用PBST缓冲液洗膜3次，每次5min

（5）加入二抗：倒掉PBST缓冲液，加入用PBST缓冲液稀释至适当浓度的二抗，轻轻摇动1h。

（6）洗膜：倒掉二抗溶液，用PBST缓冲液洗膜3次，每次10min。

（7）显色：一般用辣根过氧化物酶标记抗体的可采用以下两种方法显色：① OPD显色：将膜置入OPD生色缓冲液中，在暗室反应15~30min。当出现明显的棕色斑时，立即用自来水冲洗，最后用蒸馏水彻底漂洗。② ECL显色：杂交结束后用去离子水清洗硝酸纤维素膜，将等体积发光试剂A液和B液混合，滴加到膜上，暗处放置1min让其反应。然后将膜放入X线片夹中，把X线片放在膜上压片，关上X线片夹，开始计时；根据信号的强弱适当调整曝光时间，一般为1min或5min，也可选择不同时间多次压片，以达最佳效果；曝光完成后，打开X线片夹，取出X线片，放入自动洗片机中洗片即可。或自己配显影液和定影液，然后在暗室中进行显影和定影。

（8）凝胶图像分析：将膜或X线片进行扫描或拍照，用凝胶图像处理系统分析目标带的相对分子质量和净光密度值。

五、实验结果

记录实验结果，并画图表示。

第十四章

微生物的保藏技术

实验五十二　菌种保藏

一、实验目的

熟练掌握微生物的保藏方法。

二、实验原理

微生物具有容易变异的特性。在保藏过程中，为了使微生物在一定的时间内不发生变异而又保持生活能力，必须使它的代谢处于最不活跃的状态。低温、干燥和隔绝空气是使微生物代谢能力降低的重要因素，菌种保藏的许多方法都是根据这3个因素而设计的。有些方法如滤纸保藏法需使用保护剂来制备细胞悬液，以防止因冷冻或水分不断升华对细胞造成损害。保护性溶质可通过氢键和离子键对水和细胞所产生的亲和力来稳定细胞成分的构型。常用的保护剂有牛乳、血清、糖类、甘油、二甲亚砜等。

三、实验器材

1. 仪器和其他用具

灭菌吸管、灭菌滴管、灭菌培养皿、管形安瓿管、泪滴形安瓿管（长颈球形底）、40目与100目筛子、油纸、滤纸条（0.5cm × 1.2cm）、干燥器、真空泵、真空压力表、喷灯、L形五通管、冰箱、低温冰箱（-30℃）、液氮冷冻保藏器。

2. 实验试剂

细菌、酵母菌、放线菌和霉菌；牛肉膏蛋白胨斜面培养基、灭菌脱脂牛乳、灭菌水、化学纯的液体石蜡、甘油、五氧化二磷、河沙、瘦黄土或红土、冰块、食盐、干冰、95%乙醇、10%盐酸、无水氯化钙。

四、实验步骤

1. 斜面低温保藏法

1）斜面接种

将菌种接种在适宜的固体斜面培养基上。细菌和酵母菌宜采用对数生长期的细胞，放线菌和丝状真菌宜采用成熟的孢子。

2）培养

细菌在37℃条件下恒温培养18~24h，酵母菌于28~30℃条件下培养36~60h，放线菌和丝状真菌置于28℃条件下恒温培养4~7d。

3）保藏

待菌株充分生长后，用牛皮纸包扎好管口棉塞部分，移至2~8℃的冰箱中保藏。

注意：保藏时间依微生物的种类而有所不同，霉菌、放线菌以及有芽孢的细菌每保存2~4个月移种一次，酵母菌每2个月移种一次，细菌最好每月移种一次。

2. 液体石蜡保藏法

1）液体石蜡灭菌

将液体石蜡分装于三角烧瓶内，装液量不超过三角瓶总体积的1/3，塞上棉塞，并用牛皮纸包扎。在1.05kg/cm^2、121.3℃条件下灭菌30min，然后置于40℃温箱中，使水汽蒸发掉，备用。

2）接种培养

将需要保藏的菌种，在最适宜的斜面培养基中培养，以便得到健壮的菌体或孢子。

3）注入石蜡

用灭菌吸管吸取已灭菌的液体石蜡，注入已长好的斜面上，其用量高出斜面顶端1cm为准，使菌种与空气隔绝。

4）保藏

将试管直立，置低温或室温下保存（有的微生物在室温下比冰箱中保存的时间还要长）。

3. 滤纸保藏法

（1）将滤纸剪成0.5cm × 1.2cm的小条，装入0.6cm × 8cm的安瓿管中，每管1~2张，塞以棉塞，1.05kg/cm^2，121.3℃灭菌30min。

（2）接种培养：将需要保存的菌种，在适宜的斜面培养基上培养，使充分生长。

（3）悬液制备：取灭菌脱脂牛乳1~2ml滴加在灭菌培养皿或试管内，取数环菌苔在牛乳内混匀，制成浓悬液。

（4）吸收：用灭菌镊子自安瓿管中取滤纸条浸入菌悬液内，使其吸饱，再放回至安瓿管中，塞上棉塞。

（5）干燥：将安瓿管放入内有五氧化二磷作吸水剂的干燥器中，用真空泵抽气至干。

（6）保藏：将棉花塞入管内，用火焰熔封，保存于低温下。

（7）复活培养：当需要使用菌种，复活培养，可将安瓿管口在火焰上烧热，滴一滴冷水在烧热的部位，使玻璃破裂，再用镊子敲掉口端的玻璃，待安瓿管开启后，取出滤纸，放入液体培养基内，置温箱中培养。

五、实验结果

观察保藏复活菌。

实验五十三　菌种保藏管的使用

一、实验目的

掌握菌种保藏管的使用方法。

二、实验原理

在微生物学中，微生物长期保存是一个巨大难题。菌种保藏管通过运用多孔玻璃珠及特别配制的冷冻保护剂为微生物提供了一个低温保存平台。再加上菌种保藏管冷冻包埋剂，可以最大限度降低对所保存生物体的干扰，从而实现即时快速取用。

每个菌种保藏管约含25颗无菌彩色小珠（单色）和冷冻保护剂。经过特殊处理的小珠具有多孔特性，可以令微生物更容易黏附在小珠表面之上。接种完成后，可将菌种保藏管置于-70℃中长期保存。当需要进行新鲜培养时，可将单个小珠从菌种保藏管中取出，直接接种在适当培养基上。

三、实验器材

菌种保藏管。

四、实验步骤

1. 接种

（1）使用永久性标记在每一个菌种保藏管上标明要保存的生物体。

（2）运用无菌技术，将菌种保藏管的旋盖拧开。

（3）使用无菌接种环或棉签，从纯培养物中采集足量的菌落，使之在冷冻保护剂中达到3~4级麦克法兰标准。一般情况下，最好对分离株进行过夜培养（18~24 h）。

（4）运用无菌技术，将菌种保藏管旋盖拧紧，倒置4~5次，令其中的生物体乳化。请勿振荡。

（5）将菌种保藏管静置2min，让分离株与小珠相结合。取下保存管盖子，使用一次性无菌巴斯德吸管吸净冷冻保护剂。小珠中应尽量不含液体。

（6）仅用手指将菌种保藏管拧紧封好。切勿将菌种保藏管拧得过紧。

（7）将菌种保藏管置于冷冻保存盒中，于-70℃下冷冻保存。

2. 细菌和真菌的复苏

（1）将菌种保藏管从-70℃的冰箱中取出，置于冰冷冷冻包埋剂中 (PL.155-1)。

（2）运用无菌技术，打开菌种保藏管，使用无菌针或无菌镊子从中取出一只彩色小珠。将菌种保藏管拧紧封好，并尽快放回冰箱中。温度变化过大会降低冷冻分离株的活性。

（3）可将小珠直接划在固体培养基上，或将其接种在适当的液体培养基中。

五、实验结果

观察复苏后的菌种培养结果，与实验五十二复苏的菌种培养结果对比是否有所不同。

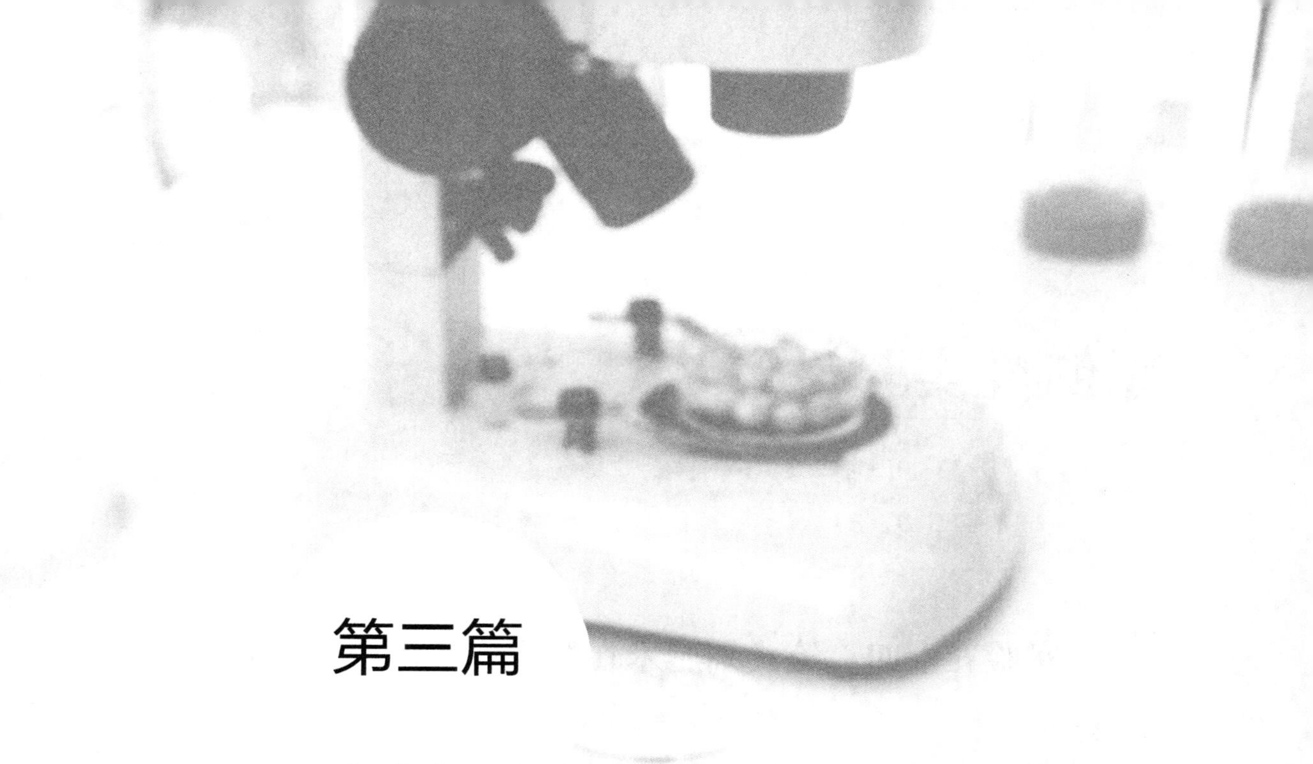

第三篇

创新性实验设计

CHUANGXINXING SHIYAN SHEJI

第十五章

原创性实验设计

实验五十四　流式细胞术在微生物检测中的应用

一、简介

流式细胞术（flow cytometry，FCM）是一种生物学技术，是对悬液中的单细胞或其他生物粒子，通过检测标记的荧光信号，实现高速、逐一的细胞定量分析和分选的技术。

本方法利用流式细胞术对乳及乳制品发酵剂、菌粉、发酵乳、发酵型含乳饮料中的乳酸菌进行计数。首先对试样进行前处理，随后添加荧光染料，再对孵育后的样品进行流式细胞术分析。最后将不同染料阳性结果按照标准方法比较，准确计算得到待测样品中乳酸菌总数、活菌数和非活菌数。

二、范围

本方法规定了乳及乳制品发酵剂、菌粉、发酵乳、发酵型含乳饮料中乳酸菌流式细胞术计数的术语与定义、检测原理、技术指标、相关主要仪器、试剂和数据分析方法。

三、应用领域

本方法适用于乳及乳制品发酵剂、菌粉、发酵乳、发酵型含乳饮料中乳酸菌数量的测定。

四、实验原理

流式细胞仪的原理就是用一定波长的激光直接照射高压驱动的液流内的细胞，产生的光信号被多个接收器接收，一个是在激光束直线方向上接收到的前向角散射光信号，其他的是在激光束垂直方向上接收到的光信号，包括侧向角散射光信号和荧光信号。液流中悬浮的细胞能够使激光束发生散射，而细胞上结合的荧光素被激光激发后能够发射波长高于激发光的荧光，散射光信号和荧光信号被相应的接收器接收后，根据接收到信号的强弱就能分析出每个细胞的物理和化学特征。

SYTO系列染料是一种细胞膜通透性的核酸染料，可以自由进入活细胞与细胞内的DNA或RNA结合，未结合时发射荧光信号的能力很弱，与核酸结合后发射荧光信号的能力大幅度升高。碘化丙啶（PI）是细胞膜非通透性染料，活细胞和凋亡细胞的细胞膜是完整的，不能被PI染料标记，而坏死细胞的细胞膜已经不完整，可以被PI染料标记。用SYTO染料标记细胞后，尤其是与PI染料共同标记时可以区分活细胞和死细胞。

本方法采用流式细胞术，通过SYTO®24或cFDA和碘化丙啶两种荧光染料染色后对发酵剂、菌粉、发酵型含乳饮料和发酵乳中乳酸菌活菌和死菌的数量进行计数。

五、试剂和材料

1. 试剂

（1）SYTO®24工作液：取40 μl SYTO®24溶解于1.96ml DMSO中，终浓度为5mmol/L。放置于-18 ± 2℃。使用时用超纯水稀释至0.1mmol/L。

（2）PI工作液：称取100mg PI，溶解于100ml超纯水中，终浓度为1mg/ml即1.5 mmol/L。放置于3 ± 2℃，避光保存。

（3）0.9%生理盐水、PBS缓冲液等。

2. 材料

发酵剂、菌粉、发酵乳、发酵型含乳饮料。

六、实验仪器

（1）流式细胞仪（激发波长488 nm或488nm和561nm）。

（2）超净工作台。

（3）恒温培养箱：36 ± 1℃。

（4）冰箱：-18 ± 2 ℃、3 ± 2℃。

（5）离心管。

（6）高压灭菌锅。

（7）微量移液器及吸头（10 μl、100 μl、1 ml）。

（8）pH计。

（9）天平(感量分别为0.1g和0.001g)。

（10）涡旋混匀器。

七、样品制备和前处理

1. 样品制备

准备好已灭菌的采样工具，如匙、试管、广口瓶、剪刀等。样品包装为袋、瓶或罐，取完整未开封的。样品是固体粉末，应边取边混合；样品是流体，通过振摇即可混匀。样品送至微生物检验室应尽快检验，样品中途运输时间一般不超过3h。

2. 样品前处理

（1）发酵剂、菌粉：称取2.0g样品，置于装有198ml PBS的无菌锥形瓶中，涡旋振荡器30s混匀，制成1:100样品匀液，此为测试样品。

（2）发酵乳：称取25g样品，置于装有225ml PBS的无菌锥形瓶，涡旋振荡器30s混匀，制成1:10样品匀液，此为测试样品。

（3）发酵型含乳饮料：吸取25ml样品，置于装有225ml生理盐水（PBS）的无菌锥形瓶，涡旋振荡器30s混匀，制成1:10的样品匀液，此为测试样品。

八、操作方法和步骤

1. SYTO®24 PI 染色法

具体操作流程参见图15-54-1。

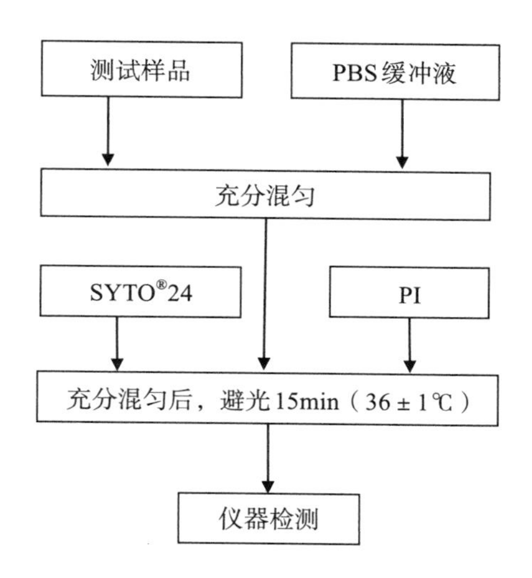

图15-54-1　SYTO®24 PI染色法操作流程图

2. 操作步骤

（1）吸取1ml处理后的样品，加入9 ml的灭菌PBS中，逐级稀释至适宜浓度。每次吸取液体都需更换吸头。

（2）取880 μl灭菌PBS和100 μl样品，将二者混合均匀。

（3）吸取10 μl的PI工作液和10 μl SYTO®24工作液加入上述步骤（2）的溶液中。

（4）将加入染料的样品混合均匀，放置37℃的培养箱中孵育10min。

（5）流式计数，打开流式细胞仪，按照开机流程开机，上样前设置好各项参数，然后开始上样。

（6）读图和设门，流式图包括流式直方图、流式散点图、流式等高线图等，根据操作者的需要选择所需的模式，得到的数据最后会在流式图上表现出来，对得到的流式图进行设门，染色后样本的仪器检测需在45min内完成。

（7）统计数据：根据设门结果在统计图中得到酸奶中活菌数目（图15-54-2）。

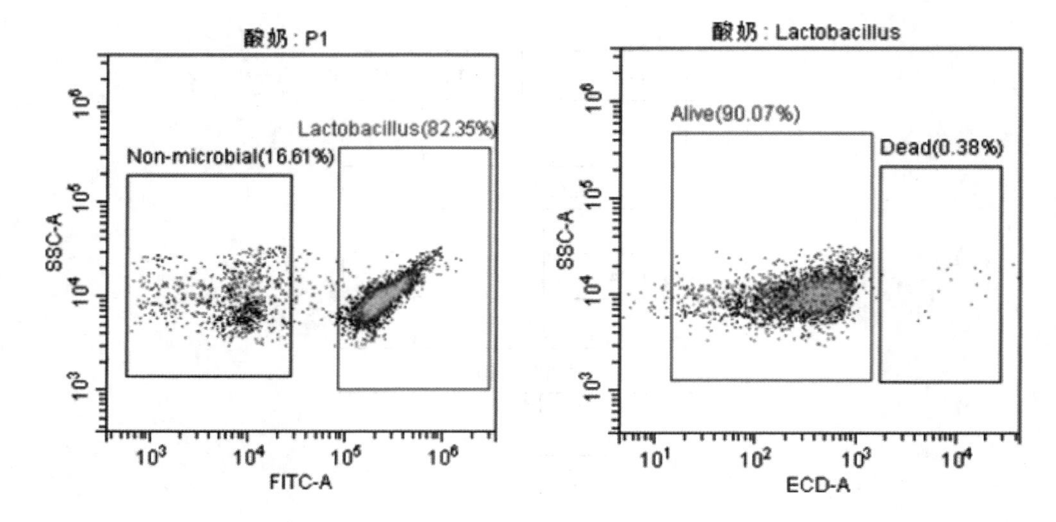

图15-54-2　SYTO通道　PI通道

九、结果分析

通过以上试验方法，可以得到以下3种结果。

1. 活菌荧光单位 [AFU/ml (g)]

$$AFU=N_1 \times a \times 1000$$

式中：AFU，活菌荧光单位 [cells/ml（g）]；a，样品稀释倍数；N_1，仪器统计活性细菌含量（cells/μl）；1000，μl和ml的单位换算系数。

注：本方法得出的活菌荧光单位 [AFU/ml（g）] 与培养法得出的菌落形成单位 [CFU/ml（g）] 结果具有一致性。

2. 非活菌荧光单位 [*n*AFU/ml (g)]

$$nAFU=N_2 \times a \times 1000$$

式中：*n*AFU，非活菌荧光单位 [cells/ml（g）]；a，样品稀释倍数；N_2，仪器统计非活性细菌含量（cells/μl）；1000，μl和ml的单位换算系数。

3. 总荧光单位 [TFU/ml (g)]

$$TFU=(N_1+N_2) \times a \times 1000$$

式中：TFU，总荧光单位 [cells/ml（g）]；a，样品稀释倍数；N_1，仪器统计活性细菌含量（cells/μl）；N_2，仪器统计非活性细菌含量（cells/μl）；1000，μl和ml的单位换算系数。

4.试验报告

（1）样品中活乳酸菌数以AFU/ml（g）报告。

（2）样品中非活乳酸菌数以nAFU/ml（g）报告。

（3）样品中总乳酸菌数以TFU/ml（g）报告。

十、思考题

在流式细胞术计数中，除了SYTO®24荧光染料和PI荧光染料，还有哪些荧光染料可以用于区分细胞的生理活性？

实验五十五　CRISPR技术在微生物检测中的应用

一、简介

CRISPR全称为簇状、规律间隔的、短回文重复序列（clustered regularly interspaced short palindromic repeats），是许多细菌和古菌的获得性免疫系统。基于CRISPR的核酸检测技术是近几年才发展起来的新型核酸检测技术，也被誉为“下一代分子诊断技术”。CRISPR检测方法相比于传统的生化和免疫等检测手段，检测结果更加灵敏和准确，因而也将在人类健康、农业和环境等诸多方面发挥极其重要的作用。

本文将CRISPR核酸检测技术（又称福尔摩斯技术）应用于食品益生菌检测，以实现乳及乳制品中益生菌种类的快速鉴定，可作为传统国标方法的有益补充。近几年才诞生的CRISPR核酸检测技术，具有高灵敏、高特异、操作简便、检测速度快等优势。本方法采用CRISPR核酸检测技术，通过Cas蛋白识别靶标核酸后激发报告分子发出可检测的荧光来特异、快速、灵敏地检测乳及乳制品中益生菌的种类。

二、范围

本方法规定了乳及乳制品发酵剂、菌粉、发酵乳、发酵型含乳饮料中，利用CRISPR方法快速检测益生菌种类的术语与定义、检测原理、技术指标、相关主要仪器、试剂和数据分析方法。

三、应用领域

本方法适用于乳及乳制品发酵剂、菌粉、发酵乳、发酵型含乳饮料中益生菌种类的快速鉴定。

四、反应

核酸制备、LAMP扩增、HOLMES反应、荧光定量检测。

五、实验原理

本方法利用基于CRISPR技术的核酸检测方法——HOLMES对乳及乳制品发酵剂、菌粉、发酵乳、发酵型含乳饮料中是否含有嗜酸乳杆菌进行快速鉴定。首先对试样进行前处理，制备核酸样本，随后对嗜酸乳杆菌中特征基因进行扩增，然后进行HOLMES检测反应，最后利用荧光定量PCR仪进行荧光信号检测和分析。通过设置阴性对照和阳性对照，快速判断待测样品中是否含有嗜酸乳杆菌以及菌数。

六、试剂和材料

1. 试剂

（1）PBS缓冲液：称取NaCl 9g，七水合磷酸氢二钠795mg，磷酸二氢钾144mg，加蒸馏水至1000ml，用0.1mol/L盐酸调节pH值至7.4 ± 0.05。高压灭菌15min，121℃ ±1 ℃。

（2）核酸制备试剂盒、LAMP扩增试剂盒、HOLMES反应试剂盒、无菌超纯水。

注意：除另有规定外，所有试剂均为分析纯。实验用水符合GB/T 6682分析实验室用水规格和试验方法中一级水的要求。

2. 材料

发酵剂、菌粉、发酵乳、发酵型含乳饮料。

七、实验仪器

（1）恒温培养箱：36 ± 1℃。

（2）冰箱：−18 ± 2℃、3 ± 2℃。

（3）超净工作台。

（4）微量移液器，吸头（10μl、100μl、1ml），Eppendorf管以及PCR管。

（5）涡旋混匀器。

（6）天平(感量分别为0.1g和0.001g)。

（7）高压灭菌锅。

（8）荧光定量PCR仪器（激发/接收波长：494/517nm）。

（9）桌上离心机（最高转速达12000r/min）（可用于Eppendorf管的离心）。

（10）桌上迷你离心机（可用于Eppendorf管和PCR管的离心）。

（11）核酸浓度定量仪。

八、样品制备和前处理

1. 样品制备

准备好已灭菌的采样工具，如匙、试管、广口瓶、剪刀等。样品包装为袋、瓶或罐，需要取完整未开封的。若样品是固体粉末，应边取边混合；若样品是流体，则可通过振摇进行混匀。取样完毕后应尽快送至微生物检验室检验，中途运输时间一般不超过3h，并尽量保持低温。

2. 样品前处理

1）发酵剂、菌粉

称取2.0g样品，置于装有198ml PBS溶液的无菌锥形瓶中，涡旋振荡器30s混匀，制成1∶100样品匀液，并标为待测试样品。

2）发酵乳

称取25g样品，置于装有225ml PBS溶液的无菌锥形瓶中，涡旋振荡器30s混匀，制成1∶10样品匀液，并标为测试样品。

3）发酵型含乳饮料

吸取25ml样品，置于装有225ml PBS溶液的无菌锥形瓶中，涡旋振荡器30s混匀，制成1∶10的样品匀液，并标为测试样品。

九、操作步骤

（1）按照要求处理样品，之后取2ml混匀后的样品进行低速离心（1000r/min离心5min），弃沉淀。

（2）取上步获得的上清液1ml，高速离心（12000r/min离心5min），弃上清；沉淀用核酸抽提试剂盒提取核酸。

（3）用核酸定量仪测定获得的核酸样本的浓度。

（4）吸取100ng的核酸样本，加入配置好的LAMP扩增反应液中，60℃反应30min以进行靶标核酸的预扩增。

（5）取1μl上步扩增产物加入HOLMES检测体系中，37℃反应15min，并使用荧光定量PCR检测荧光曲线的变化。

十、结果分析

1.标准曲线

按照上述操作步骤，加入标准品测试以设定标准曲线。标准品的菌株为嗜酸乳杆菌NCFM菌株，菌数分别为0、104、105、106、107、108、109，可获得对应的荧光值，填入表15-55-1。

表15-55-1　荧光值表

菌落数	0	10^4	10^5	10^6	10^7	10^8	10^9
荧光值（×1000）	值0	值4	值5	值6	值7	值8	值9

上述荧光值只保留至小数点后一位（取舍按照四舍五入原则进行）。利用菌落数和对应的荧光值，获得一元线性回归曲线，从而建立菌落数和荧光值之间的标准曲线。

$$N=a\text{FU}+b$$

式中：N，标准品中细菌含量［cells/ml（g）］；FU，仪器读取的荧光单位；a，换算系数；b，反应体系的本底荧光值。

2.样本的菌数测定

将HOLMES检测实际样本获得的荧光值代入上述公式，获得实际样本的嗜酸乳杆菌NCFM菌数。

3.试验报告

（1）样本提取的核酸浓度（ng/μl）及体积（μl）。

（2）HOLMES检测的荧光读数（FU）。

（3）样品中嗜酸乳杆菌NCFM菌数（N）。

十一、思考题

Crispr作为新型核酸检测技术，除了在食品检测的应用，还可以有哪些用处？

实验五十六　食品中双歧杆菌的检测

一、简介

厌氧微生物是微生物一个大的家族，不少微生物能在有氧或无氧条件下生存，代谢产品不同的化合物。食品微生物中，双歧杆菌属是一种革兰氏阳性、不运动、细胞呈杆状、一端有时呈分叉状、严格厌氧的细菌属，广泛存在于人和动物的消化道、口腔等生境中。双歧杆菌属的细菌是人和动物肠道菌群的重要组成成员之一。

双歧杆菌作为益生菌被添加到乳制品中已有20多年，同时发酵乳也是双歧杆菌应用最广泛、最成熟的产品。目前国内市面上出售的含有双歧杆菌的发酵乳（酸奶），所用到的双歧杆菌主要是乳双歧杆菌和长双歧杆菌。然而，由于保健品、婴幼儿配方奶粉、普通食品对于双歧杆菌有严格的种属要求，产品标签也要求对添加的双歧杆菌进行报告，因此双歧杆菌菌种的鉴定及计数成为一项重要的检测任务。

二、参考标准

GB 4789.34—2016《食品安全国家标准　食品微生物学检验　双歧杆菌检验》。

三、适用范围

本方法适用于双歧杆菌纯菌菌种的鉴定及计数。本方法适用于食品中仅含有单一双歧杆菌的菌种鉴定。本方法适用于食品中仅含有双歧杆菌属的计数，即食品中可包含一个或多个不同的双歧杆菌菌种。

四、培养基和试剂

双歧杆菌琼脂、PYG液体培养基、API50CH试剂盒、API50CHL培养基、革兰氏染色液。

五、设备及材料

（1）恒温培养箱：36±1℃。

（2）冰箱：2~5℃。

（3）天平：感量0.01g。

（4）厌氧培养系统。

（5）生物显微镜。

（6）无菌吸管：1ml（具0.01ml刻度）、10ml（具有0.1ml分刻度）或微量移液器（100μl和1000μl）及配套吸头。

（7）无菌锥形瓶：容量500ml。

（8）90mm×90mm灭菌平皿。

六、检验程序

双歧杆菌属检验程序参见图15-56-1。

七、操作步骤

1. 双歧杆菌鉴定

样品处理：

（1）纯菌菌种：半固体或液体菌种直接接种在双歧杆菌琼脂平板。固体菌种或真空冷冻干燥菌种，先加适量灭菌生理盐水或其他适宜稀释液溶解。36±1℃厌氧培养48±2h。

（2）发酵乳样品：无菌取检样25g（ml），溶于225ml生理盐水，制成1:10样品均液，无菌吸取1ml 1:10样品均液，0.1ml适当稀释度的样品匀液涂布在双歧杆菌琼脂平板，36±1℃厌氧培养48±2h。

2. 纯培养

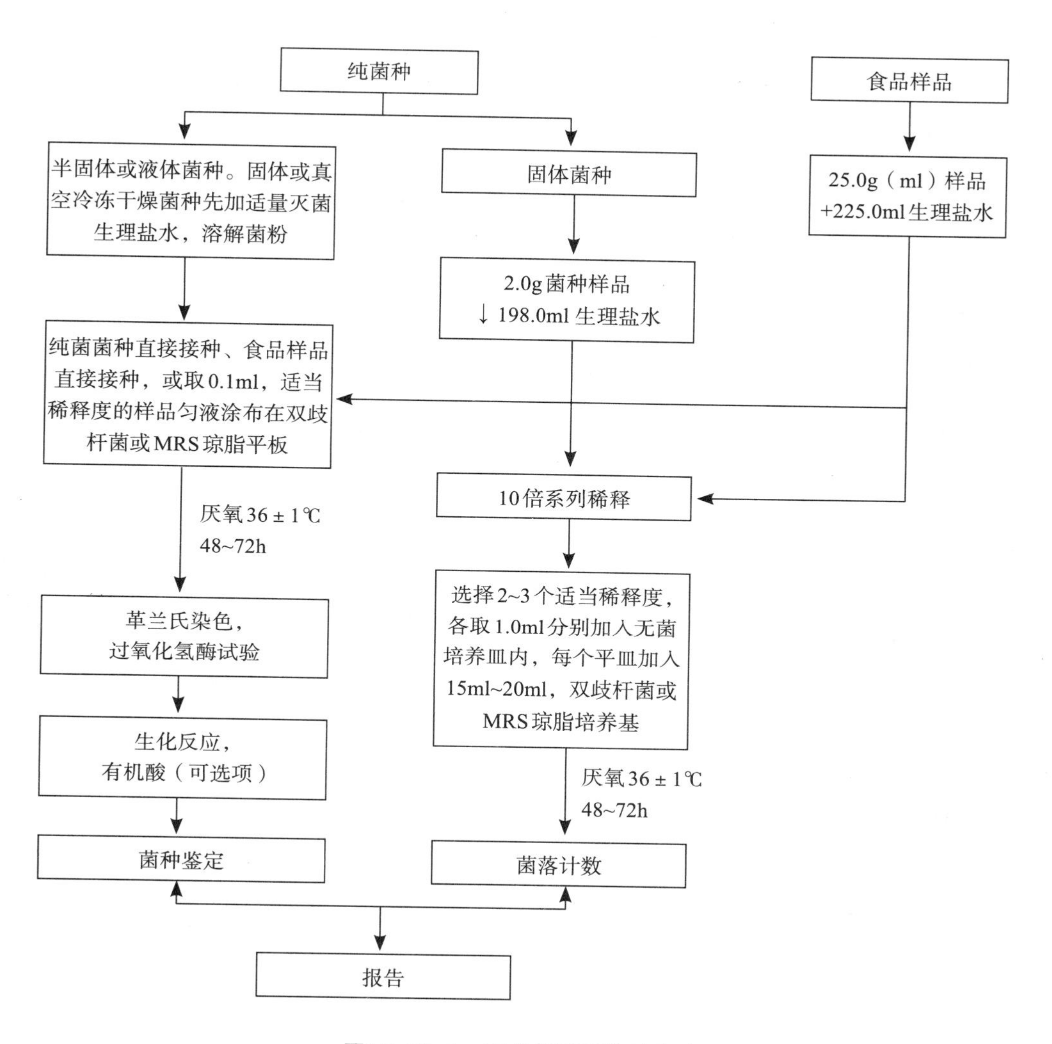

图15-56-1　双歧杆菌属检验程序

挑取3个或3个以上的单个菌落接种于双歧杆菌琼脂平板。36±1℃厌氧培养48±2h。

3. 菌种鉴定

（1）涂片镜检：挑取平板上的单个菌落进行染色。双歧杆菌为革兰氏染色阳性，呈短杆状、纤细杆状或球形，可形成分支或分叉等多种形态。

（2）生化鉴定：挑取纯化后的平板进行生化鉴定。过氧化酶试验为阴性。取新鲜的试验菌株，在API50CHL培养基中制备浊度为4的菌悬液，立即加到API50CH试剂盒上的49个反应管中，加入菌悬液时避免产生气泡，将试剂条进行36±1℃、

48h厌氧培养。双歧杆菌菌种鉴定可参考《食品中乳酸菌计数和鉴定的检验细则》，双歧杆菌菌中的主要生化反应参见表15-56-1。

表15-56-1　双歧杆菌菌种的主要生化反应

编号	项目	两歧双歧杆菌（*B.bifidum*）	婴儿双歧杆菌（*B.infantis*）	长双歧杆菌（*B.longum*）	青春双歧杆菌（*B.adolescentis*）	动物双歧杆菌（*B.animalis*）	短双歧杆菌（*B.breve*）
1	L-阿拉伯糖	-	-	+	+	+	-
2	D-核糖	-	+	+	+	+	+
3	D-木糖	-	+	+	d	+	+
4	L-木糖	-	-	-	-	-	-
5	阿东醇	-	-	-	-	-	-
6	D-半乳糖	d	+	+	+	d	+
7	D-葡萄糖	+	+	+	+	+	+
8	D-果糖	d	+	+	d	d	+
9	D-甘露糖	-	+	+	-	-	-
10	L-山梨糖	-	-	-	-	-	-
11	L-鼠李糖	-	-	-	-	-	-
12	卫矛醇	-	-	-	-	-	-
13	肌醇	-	-	-	-	-	+
14	甘露醇	-	-	-	-	-	-
15	山梨醇	-	-	-	-	-	-
16	α-甲基-D-葡萄糖甙	-	-	+	-	-	-
17	N-乙酰-葡萄糖胺	-	-	-	-	-	+
18	苦杏仁甙（扁桃甙）	-	-	-	-	+	-
19	七叶灵	-	-	+	+	+	-
20	水杨甙（柳醇）	-	+	-	+	+	-
21	D-纤维二糖	-	+	-	d	-	-
22	D-麦芽糖	-	+	+	+	+	+
23	D-乳糖	+	+	+	+	+	+
24	D-蜜二糖	-	+	+	+	+	+
25	D-蔗糖	-	+	+	+	+	+
26	D-海藻糖（覃糖）	-	-	-	-	-	-
27	菊糖（菊根粉）	-	-	-	-	-	-
28	D-松三糖	-	-	+	+	-	-
29	D-棉籽糖	-	+	+	+	+	+
30	淀粉	-	-	-	+	-	-
31	肝糖（糖原）	-	-	-	-	-	-
32	龙胆二糖	-	+	-	+	+	+
33	葡萄糖酸钠	-	-	-	+	-	-
注：+表示90%以上菌株阳性；-表示90%以上菌株阴性；d表示11%~89%以上菌株阳性；							

七、结果与报告

根据上述双歧杆菌鉴定结果（图15-56-2），报告双歧杆菌属的种名。

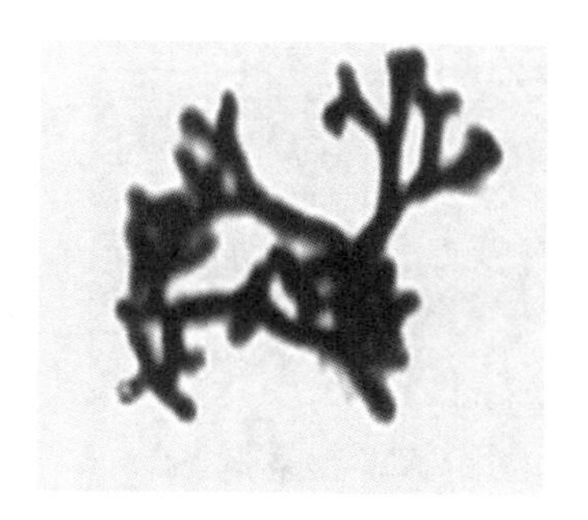

图15-56-2　革兰氏染色

各种双歧杆菌生化反应的电泳图如图15-56-3所示。

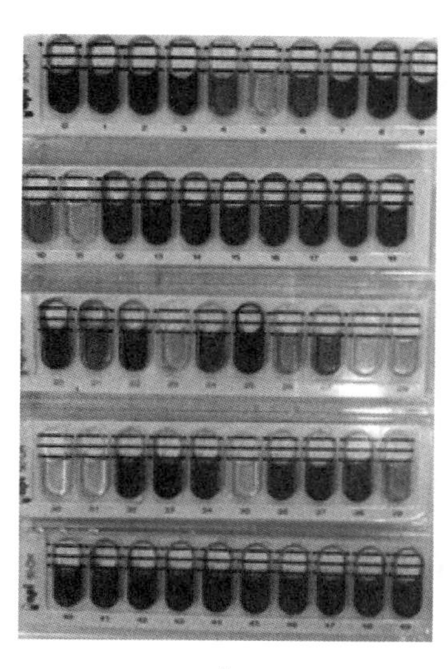

A

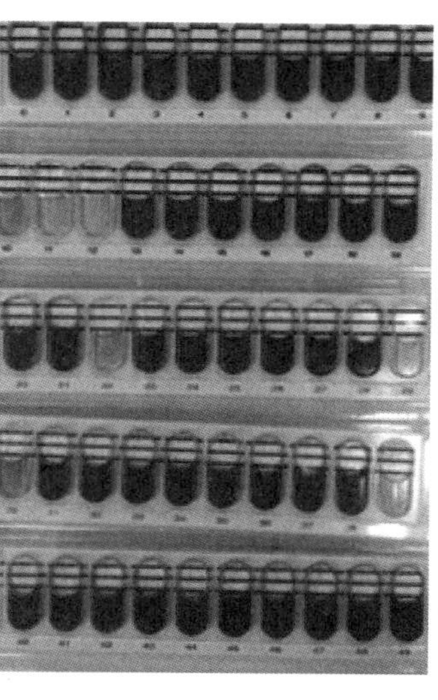

B

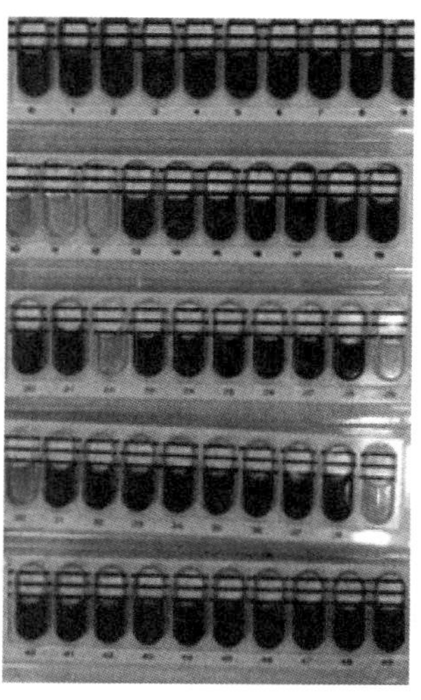

C

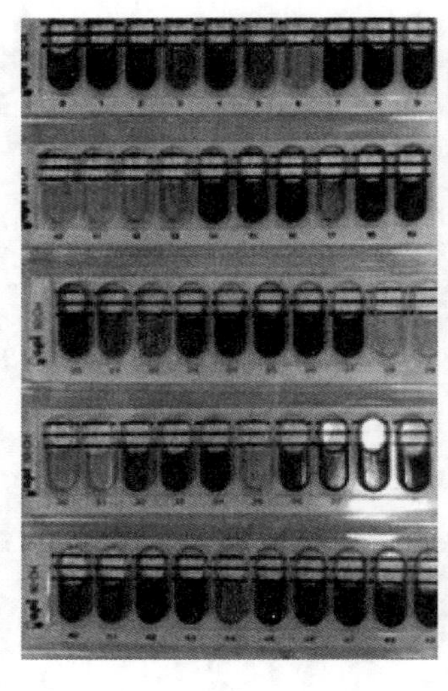

D

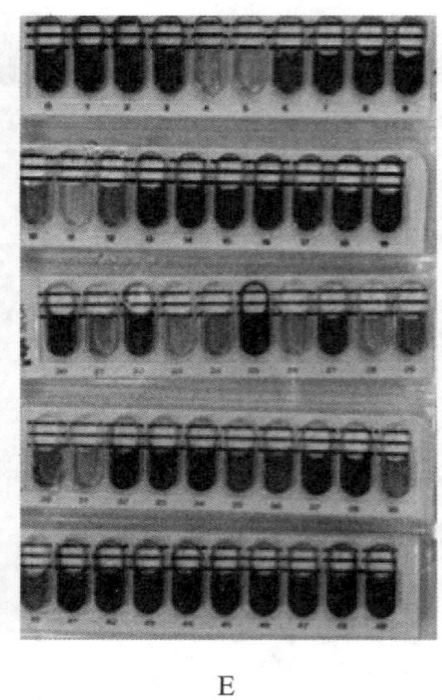

E

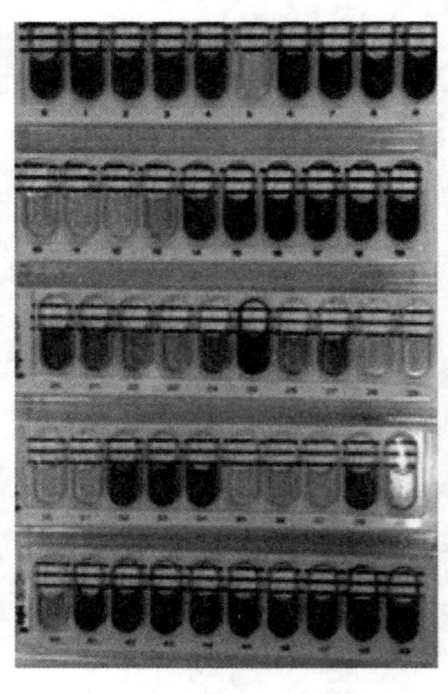

F

图15-56-3　各种双歧杆菌生化反应

A. 动物双歧杆菌；　B. 两歧双歧杆菌；　C. 婴儿双歧杆菌；
D. 长双歧杆菌；　E. 青春双歧杆菌；　F. 短双歧杆菌

附录

FULU

附录一　常见食品微生物种类

一、可用于食品的菌种名单

序号	菌种名称	拉丁学名
一、双歧杆菌属（*Bifidobacterium*）		
1	青春双歧杆菌	*Bifidobacterium adolescentis*
2	动物双歧杆菌（乳双歧杆菌）	*Bifidobacterium animalis*（*Bifidobacterium lactis*）
3	两歧双歧杆菌	*Bifidobacterium bifidum*
4	短双歧杆菌	*Bifidobacterium breve*
5	婴儿双歧杆菌	*Bifidobacterium infantis*
6	长双歧杆菌	*Bifidobacterium longum*
二、乳杆菌属（*Lactobacillus*）		
1	嗜酸乳杆菌	*Lactobacillus acidophilus*
2	干酪乳杆菌	*Lactobacillus casei*
3	卷曲乳杆菌	*Lactobacillus crispatus*
4	德氏乳杆菌保加利亚亚种（保加利亚乳杆菌）	*Lactobacillus delbrueckii subsp. Bulgaricus*（*Lactobacillus bulgaricus*）
5	德氏乳杆菌乳亚种	*Lactobacillus delbrueckii subsp. lactis*
6	发酵乳杆菌	*Lactobacillus fermentum*
7	格氏乳杆菌	*Lactobacillus gasseri*
8	瑞士乳杆菌	*Lactobacillus helveticus*
9	约氏乳杆菌	*Lactobacillus johnsonii*
10	副干酪乳杆菌	*Lactobacillus paracasei*
11	植物乳杆菌	*Lactobacillus plantarum*
12	罗伊氏乳杆菌	*Lactobacillus reuteri*
13	鼠李糖乳杆菌	*Lactobacillus rhamnosus*
14	唾液乳杆菌	*Lactobacillus salivarius*
15	清酒乳杆菌	*Lactobacillus sakei*
三、链球菌属（*Streptococcus*）		
1	嗜热链球菌	*Streptococcus thermophilus*
四、芽孢杆菌属（*Bacillus*）		
1	凝结芽孢杆菌	*Bacillus coagulans*
五、丙酸杆菌属（*Propionibacterium*）		
1	产丙酸丙酸杆菌	*Propionibacterium acidipropionici*

序号	菌种名称	拉丁学名
2	费氏丙酸杆菌谢氏亚种	*Propionibacterium freudenreichii subsp. Shermanii*
六、葡萄球菌属（*Staphylococcus*）		
1	小牛葡萄球菌	*Staphylococcus vitulinus*
2	木糖葡萄球菌	*Staphylococcus xylosus*
3	肉葡萄球菌	*Staphylococcus carnosus*
七、片球菌属（*Pediococcus*）		
1	乳酸片球菌	*Pediococcus acidilactici*
2	戊糖片球菌	*Pediococcus pentosaceus*
八、乳球菌属（*Lactococcus*）		
1	乳酸乳球菌乳酸亚种	*Lactococcus Lactis subsp. lactis*
2	乳酸乳球菌乳脂亚种	*Lactococcus Lactis subsp. cremoris*
3	乳酸乳球菌双乙酰亚种	*Lactococcus Lactis subsp. diacetylactis*
九、明串球菌属（*Leuconostoc*）		
1	肠膜明串珠菌肠膜亚种	*Leuconostoc. mesenteroides subsp. mesenteroides*
十、克鲁维酵母（*Kluyveromyces*）		
1	马克斯克鲁维酵母	*Kluyveromyces marxianus*

二、可用于婴幼儿食品的菌种名单

序号	菌种名称	拉丁学名	菌株号
1	瑞士乳杆菌	*Lactobacillus helveticus*	R0052
2	婴儿双歧杆菌	*Bifidobacterium infantis*	R0033
3	两歧双歧杆菌	*Bifidobacterium bifidum*	R0071
4	嗜酸乳杆菌*	*Lactobacillus acidophilus*	NCFM
5	动物双歧杆菌	*Bifidobacterium animalis*	Bb-12
6	乳双歧杆菌	*Bifidobacterium lactis*	HN019
			Bi-07
7	鼠李糖乳杆菌	*Lactobacillus rhamnosus*	LGG
			HN001
8	发酵乳杆菌	*Lactobacillus fermentum*	CECT5716
9	短双歧杆菌	*Bifidobacterium breve*	M-16V
10	罗伊氏乳杆菌	*Lactobacillus reuteri*	DSM17938

三、可用于保健食品的益生菌菌种名单

序号	名称	拉丁学名
一、双歧杆菌属（*Bifidobacterium*）		
1	两歧双歧杆菌	*Bifidobacterium bifidum*
2	婴儿双歧杆菌	*Bifidobacterium infantis*
3	长双歧杆菌	*Bifidobacterium longum*
4	短双歧杆菌	*Bifidobacterium breve*
5	青春双歧杆菌	*Bifidobacterium adolescentis*
二、乳杆菌属（*Lactobacillus*）		
1	保加利亚乳杆	*Lactobacillus bulgaricus*
2	嗜酸乳杆菌	*Lactobacillus acidophilus*
3	干酪乳杆菌干酪亚种	*Lactobacillus casei subsp. casei*
4	罗伊氏乳杆菌	*Lactobacillus reuteri*
三、链球菌属（*Streptococcus*）		
1	嗜热链球菌	*Streptococcus thermophilus*

四、常见食源性致病菌

序号	名称	拉丁文学名	污染源
1	沙门菌	*salmonella*	多在肉、蛋类食品中出现
2	大肠埃希菌	*Escherichia coli*	常在肉类、乳品、生蔬菜、海鲜等食物中出现
3	李斯特菌	*Listeria monocytogenes*	肉类、蛋类、禽类、海产品、乳制品、蔬菜等
4	霍乱弧菌	*Vibrio cholerae*	污染的水源或未煮熟的食物
5	炭疽杆菌	*Bacillus anthrac*	接触感染家畜
6	结核菌	*Mycobacterium tuberculosis*	畜肉、牛奶
7	志贺菌	*Shigella Castellani*	受污染的食物、水等
8	布氏杆菌	*Brucella*	病畜及乳制品
9	猪丹毒杆菌	*Erysipelas suis*	肉类
10	铜绿假单胞菌	*Pseudomonas aeruginosa*	鱼、肉上繁殖，多见于冷冻产品
11	副溶血性弧菌	*Vibrio Parahemolyticus*	主要污染海产品
12	金黄色葡萄球菌	*Staphylococcus aureus*	污染乳类、肉类
13	创伤弧菌	*vibrio vulnificus*	鱼类等水产品
14	肉杆菌	*Carnobacterium Collins*	偏爱高蛋白食物

附录二　食品微生物常用培养基

一、常见培养基

1. 基本培养基

成分（g/L）和制法：硫酸铵1.0，磷酸氢二钾7.0，磷酸二氢钾3.0，柠檬酸钠0.5，七水硫酸镁0.1，葡萄糖5.0，琼脂15~20，蒸馏水加至1000ml，自然pH值，121℃高压灭菌15min，备用。

2. 完全培养基(TYEG培养基)

成分（g/L）和制法：胰蛋白胨10.0，酵母浸膏5.0，磷酸氢二钾3.0，葡萄糖1.0，琼脂 15~20g，蒸馏水加至1000ml，pH值7.0，121℃高压灭菌15min，备用。

3. 营养肉汤（NB）

成分（g/L）和制法：蛋白胨15.0，牛肉膏3.0，NaCl 5.0，蒸馏水加至1000ml，混合加热溶解，冷却至25℃，校正pH值至7.2 ± 0.2，121℃高压灭菌15min，备用。

4. 营养琼脂（NA）

成分（g/L）和制法：蛋白胨15.0，牛肉膏3.0，NaCl 5.0，琼脂15.0（如用作噬菌体试验，只加琼脂10g），蒸馏水加至1000ml，120℃高压灭菌15min，备用。

5. 营养半固体琼脂（NSA）

成分（g/L）和制法：蛋白胨15.0，牛肉膏3.0，NaCl 5.0，琼脂3.0g，蒸馏水加至1000ml，120℃高压灭菌15min，备用。

二、食品微生物检验培养基

1. 乳酸菌相关培养基

1) 改良番茄汁培养基

成分（g/L）和制法：番茄粉 2.5，牛肉粉10.0，酵母粉5.0，磷酸氢二钾2.0，葡萄糖2.0，乙酸钠5.0，吐温801.0ml，乳糖20.0，琼脂15.0，pH值6.8 ± 0.2，加热溶解于1000ml蒸馏水中，分装，121℃ 高压灭菌 15min，备用。

用途：用于食品中乳酸菌总数测定。

2) MRS琼脂

成分（g/L）和制法：蛋白胨10.0，牛肉浸粉8.0，酵母浸粉4.0，葡萄糖20.0，磷酸氢二钾2.0，柠檬酸氢二铵2.0，乙酸钠5.0，硫酸镁0.2，硫酸锰0.04，琼脂14.0，吐温801.0ml，pH值6.5 ± 0.2，加热溶解于1000ml蒸馏水中，121℃高压灭菌15min，备用。

用途：用于食品中乳酸菌的分离培养或计数。

3) MRS肉汤

成分（g/L）和制法：蛋白胨10.0，牛肉粉8.0，酵母粉4.0，葡萄糖20.0，磷酸氢二钾2.0，柠檬酸氢二铵2.0，乙酸钠5.0，硫酸镁0.2，硫酸锰0.04，吐温801.0ml，pH值5.7 ± 0.2，加热溶解于1000ml蒸馏水中，118℃高压灭菌15min，备用。

用途：用于食品中乳酸菌的选择性增菌培养。

4) LBS琼脂

成分（g/L）和制法：酵母浸粉5.0，胰酪蛋白胨10.0，磷酸二氢钾6.0，硫酸亚铁0.034，硫酸镁0.575，葡萄糖20.0，乙酸钠25.0，柠檬酸铵2.0，硫酸锰0.12，琼脂15.0，pH值5.5 ± 0.2，

再吸取吐温801.0ml和冰乙酸 1.3ml，加热搅拌溶解于1000ml蒸馏水中，当日使用，无须高压灭菌。次日使用，需118℃高压灭菌15min。

用途：用于乳酸杆菌的分离培养。

5) M17琼脂

成分（g/L）和制法：大豆胨5.0，蛋白胨2.5，酪蛋白胨2.5，酵母浸粉2.5，牛肉浸粉5.0，乳糖5.0，抗坏血酸钠0.5，β-甘油磷酸钠19.0，硫酸镁0.25，琼脂12.75，pH值7.2 ± 0.2，加热溶解于1000ml蒸馏水中，121℃高压灭菌15min，备用平皿。

用途：用于牛奶和乳制品中乳酸菌检测和分离培养。

6) M17肉汤

成分（g/L）和制法：大豆胨5.0，蛋白胨2.5，酪蛋白胨2.5，酵母浸粉2.5，牛肉浸粉5.0，乳糖5.0，抗坏血酸钠0.5，β-甘油磷酸钠19.0，硫酸镁0.25，pH 值7.2 ± 0.2，加热溶解于1000ml蒸馏水中，121℃高压灭菌15min，备用。

用途：用于牛奶和乳制品中乳酸菌检测和增菌培养。

7) 乳酸杆菌肉汤培养基

成分（g/L）和制法： 胨化乳15.0，酵母浸粉5.0，磷酸二氢钾2.0，葡萄糖10.0，番茄浸出粉2.5，吐温801.0ml，pH值6.8±0.2，加热溶解于1000ml蒸馏水中，121℃高压灭菌15min，备用。

用途： 用于乳酸杆菌增菌培养。

8) MC培养基

成分（g/L）和制法： 大豆蛋白胨5.0，牛肉浸粉3.0，酵母浸粉3.0，葡萄糖20.0，乳糖20.0，碳酸钙10.0，琼脂15.0，中性红0.05，pH值6.0±0.1，加热煮沸溶解于1000ml蒸馏水中，121℃高压灭菌15min，备用。

用途： 用于食品中嗜热链球菌总数测定。

2. 双歧杆菌相关培养基

1)BL琼脂培养基

成分（g/L）和制法： 肝浸粉4.0，蛋白胨5.0，牛肉浸粉3.0，酵母浸粉2.0，胰酪蛋白胨5.0，可溶性淀粉0.5，L-半胱氨酸0.5，葡萄糖10.0，磷酸二氢钾1.0，磷酸氢二钾1.0，大豆胨3.0，硫酸镁0.2，硫酸亚铁0.01，NaCl 0.01，琼脂20.0，硫酸锰0.0067，吐温801.0ml，pH值7.2±0.1，加热搅拌溶解于1000ml蒸馏水中，分装三角瓶，121℃高压灭菌15min，备用。

用途： 用于双歧杆菌分离培养（GB标准）。

2)BBL琼脂培养基

成分（g/L）和制法： 蛋白胨15.0，葡萄糖 20.0，酵母浸粉2.0，可溶性淀粉0.5，NaCl 5.0，L-半胱氨酸0.5，番茄浸粉5.0，肝浸粉2.0，琼脂20.0，pH值7.0±0.1，再吸取吐温801.0ml，加热溶解于1000ml蒸馏水中，分装三角瓶，115℃高压灭菌20min，备用。

用途： 用于双歧杆菌分离培养（GB标准）。

3)TPY琼脂培养基

成分（g/L）和制法： 水解酪蛋白10.0，大豆胨5.0，酵母粉2.0，葡萄糖5.0，L-半胱氨酸0.5，磷酸氢二钾2.0，氯化镁0.5，硫酸锌0.25，氯化钙0.15，氯化铁0.0001，琼脂20.0，吐温801.0ml，pH值6.5±0.1，加热溶解于1000ml蒸馏水中，分装三角瓶，121℃高压灭菌15~20min，备用。

用途： 用于双歧杆菌分离培养（GB标准）。

4)PYG液体培养基

成分（g/L）和制法：蛋白胨20.0，葡萄糖5.0，酵母浸粉10.0 NaCl 0.08，半胱氨酸盐酸盐0.5，氯化钙0.008，硫酸镁0.008，磷酸氢二钾0.04，磷酸二氢钾0.04，碳酸氢钠0.4，pH值6.0±0.1，加热溶解于1000ml蒸馏水中，121℃高压灭菌15min，冷至 50℃左右时，加入过滤除菌的维生素K_1溶液1.0ml和氯化血红素溶液(5mg/ml) 5.0ml混匀，备用。

用途：用于双歧杆菌增菌培养，使用时需加入氯化血红素和维生素K_1（GB标准）。

5)莫匹罗星锂盐改良MRS培养基

成分（g/L）和制法：蛋白胨10.0，牛肉浸粉5.0，酵母浸粉4.0，葡萄糖20.0，磷酸氢二钾2.0，柠檬酸三铵2.0，醋酸钠5.0，硫酸镁0.2，硫酸锰0.05，琼脂15.0，吐温801.0ml，pH值6.2±0.2，加热酒溶解于1000ml蒸馏水中，分装，121℃高压灭菌15~20min。冷至48℃左右时，每200ml培养基中加入过滤除菌的莫匹罗星锂盐10mg混匀，倾入无菌平皿，备用。

用途：用于食品中双歧杆菌的分离培养或计数。

3. 大肠埃希菌相关培养基

1）LB肉汤

成分（g/L）和制法：胰蛋白胨10.0，酵母浸粉5.0，NaCl 10.0，加蒸馏水至1000ml，pH值7.0±0.1，121℃高压灭菌15min，备用。

用途：用于分子生物学中大肠埃希菌的培养。

2）LB营养琼脂

成分（g/L）和制法：胰蛋白胨10.0，酵母浸粉5.0，NaCl 10.0，琼脂15.0，加热溶解于1000ml蒸馏水中，pH值7.0±0.2，121℃高压灭菌15min，备用。

用途：用于发酵工程、基因工程和分子生物学中大肠埃希菌的培养。

3）月桂基硫酸盐胰蛋白胨肉汤（LST）

成分（g/L）和制法：胰蛋白胨20.0，NaCl 5.0，乳糖5.0，磷酸氢二钾2.75，磷酸二氢钾2.75，月桂基硫酸钠0.1，加热溶解于1000ml蒸馏水中，pH值6.8±0.2，分装到有倒立发酵管的20mm×150mm试管中，每管10ml，121℃高压灭菌15min，备用。

用途：用于大肠菌群、大肠埃希菌的测定。

4）EC肉汤

成分（g/L）和制法：胰蛋白胨20.0，乳糖5.0，NaCl 5.0，磷酸氢二钾4.0，磷酸二氢钾1.5，三号胆盐1.5，加热搅拌溶解于1000ml蒸馏水中，pH值6.9 ± 0.1，分装到有倒立发酵管的16mm × 150mm试管中，每管8ml，121℃高压灭菌15min，备用。

用途：用于粪大肠菌群、大肠埃希菌的测定(GB、SN标准)。

5）乳糖胆盐发酵培养基

成分（g/L）和制法：蛋白胨20.0，牛胆盐5.0，乳糖10.0，溴甲酚紫0.01，加热溶解于1000ml蒸馏水中，pH值7.4 ± 0.2分装到有倒立发酵管的20mm × 150mm试管中，每管10ml，121℃高压灭菌15min，备用。

用途：用于大肠菌群、粪大肠菌群、大肠埃希菌的测定(GB标准)。

6）乳糖复发酵培养基

成分（g/L）和制法：蛋白胨20.0，乳糖10.0，溴甲酚紫0.01，pH值7.4 ± 0.1，加热溶解于1000ml蒸馏水中，分装到有倒立发酵管的20mm × 150mm试管中，每管10ml，115℃高压灭菌15min，备用。

用途：用于大肠菌群、粪大肠菌群、大肠埃希菌的测定(GB标准)。

7）去氧胆酸盐琼脂（DC）

成分（g/L）和制法：蛋白胨10.0，乳糖10.0，去氧胆酸盐1.0，磷酸氢二钾2.0，柠檬酸钠1.0，柠檬酸铁1.0，中性红0.03，NaCl 5.0，琼脂13.0，pH值 7.3 ± 0.1，加入1000ml蒸馏水，加热溶解并不停搅拌，煮沸 1 min，冷却至 45~50℃时，倾入无菌平皿，无须高压灭菌。

用途：用于大肠菌群固体平板测定。

8）MR-VP培养基

成分（g/L）和制法：月示胨 7.0，葡萄糖5.0，磷酸氢二钾5.0，pH值6.9 ± 0.2，加热溶解于1000ml蒸馏水中，分装试管，121℃高压灭菌15min，备用。

用途：用于大肠埃希菌的甲基红实验和VP实验。

9）结晶紫中性红胆盐琼脂（VRBA）

成分（g/L）和制法：蛋白胨7.0，酵母粉3.0，NaCl 5.0，乳糖10.0，胆盐1.5，结晶紫0.002，中性红0.03，琼脂15.0，pH值7.4 ± 0.1，加热溶解于1000ml蒸馏水中，煮沸不要超过2min。取适宜稀释度样品液1ml，滴在无菌平皿中心，将冷至45 ± 0.5℃ 的结晶紫中性红胆盐琼脂（VRBA）10~15ml倾注于平皿中。小心旋转平皿将培养基与样液充分混匀。凝固后，再加3~4ml VRBA覆盖平板表层，翻转平板，置于36 ± 1℃培养18~24h。无须高压灭菌。临用时制备，不得超过3h。

用途： 用于大肠菌群的固体平板检测（GB、SN标准）。

10）品红亚硫酸钠琼脂

成分（g/L）和制法： 蛋白胨10.0，牛肉粉5.0，酵母粉5.0，磷酸氢二钾3.5，乳糖10.0，琼脂13.0，碱性品红1.0，亚硫酸钠5.0，pH值7.2~7.4，加入20ml无水乙醇和980ml蒸馏水，加热搅拌溶解，分装。116℃高压灭菌20min，备用。

用途： 用于饮用水，水源水中总大肠菌群的选择性分离和确证（GB标准）。

11）肠道菌增菌肉汤（EE）

成分（g/L）和制法： 蛋白胨10.0，葡萄糖5.0，磷酸氢二钠8.0，磷酸二氢钾2.0，牛胆盐20.0，煌绿0.015，pH值7.2 ± 0.2，加热搅拌溶解于1000ml蒸馏水中，分装三角瓶，每瓶90ml，100℃加热30min，迅速在流动的冷水中冷却，无须高压灭菌。

用途： 用于肠道菌的增菌培养（GB标准）。

12）伊红亚甲蓝琼脂（EMB）

成分（g/L）和制法： 蛋白胨10.0，乳糖10.0，磷酸氢二钾2.0，琼脂15.0，伊红0.4，亚甲蓝0.065，pH值7.1 ± 0.2，加热溶解1000ml蒸馏水中，121℃高压灭菌15min，备用。

用途： 弱选择性培养基，用于分离肠道致病菌，特别是大肠埃希菌（GB、SN标准）。

13）EEM培养基

成分（g/L）和制法： 胰蛋白胨10.0，D-甘露醇5.0，牛胆盐20.0，磷酸氢二钠6.5，磷酸二氢钾 2.0，煌绿 0.0135，pH值7.2 ± 0.2，溶解于1000ml蒸馏水中，分装试管，经100℃流动蒸汽灭菌30min，备用。无须高压灭菌。

用途： 用于致病性大肠埃希菌的增菌培养和肠杆菌的增菌培养。

14）煌绿乳糖胆盐肉汤（BGLB）

成分（g/L）和制法： 蛋白胨10.0，乳糖10.0，牛胆粉20.0，煌绿0.0133，pH值7.2 ± 0.1，加热搅拌溶解于1000ml蒸馏水中，分装到有倒立发酵管的20mm × 150mm试管中，每管 10ml，121℃高压灭菌15min，备用。

用途： 用于大肠菌群、大肠埃希菌的测定（GB、SN标准）。

15）VRB-MUG琼脂

成分（g/L）和制法： 蛋白胨7.0，酵母膏3.0，NaCl 5.0，乳糖10.0，胆盐1.5，

结晶紫0.002，中性红0.03，琼脂15.0，MUG0.1，pH值7.4 ± 0.1，加热溶解于1000ml蒸馏水中，煮沸2min。冷至45~50℃时，备用。无须高压灭菌。

用途：用于大肠埃希菌的固体平板检测（GB标准）。

16）三糖铁琼脂（TSI）

成分（g/L）和制法：蛋白胨20.0，牛肉浸粉5.0，NaCl 5.0，乳糖10.0，葡萄糖1.0，蔗糖10.0，酚红0.025，硫酸亚铁胺0.2，硫代硫酸钠0.2，琼脂12.0，蒸馏水1000ml，pH值7.4 ± 0.1，加热煮沸 1min，分装于 16mm × 150mm试管，121℃高压灭菌15min制成高层斜面。

用途：用于肠杆菌科细菌的生化反应筛选。

4. 阪崎肠杆菌相关培养基

1）改良月桂基硫酸盐胰蛋白胨肉汤-万古霉素（mLST-Vm）

成分（g/L）和制法：胰蛋白胨20.0，NaCl34.0，乳糖5.0，磷酸氢二钾2.75，磷酸二氢钾2.75，月桂基硫酸钠0.1，pH 值 6.8 ± 0.2，加热搅拌溶解于1000ml蒸馏水中，分装每瓶 100ml，121℃高压灭菌15min，冷至 45~50℃时，加入过滤除菌的万古霉素(1mg/ml)溶液1 ml，分装至无菌试管中，每管 10ml混匀，备用。

用途：用于阪崎杆菌选择性增菌培养（GB标准）。

2）胰蛋白胨大豆琼脂（TSA）

成分（g/L）和制法：胰蛋白胨15.0，大豆胨5.0，NaCl 5.0，琼脂15.0，pH值7.3 ± 0.2，加热搅拌溶解于1000ml蒸馏水中，分装三角瓶，121℃高压灭菌 15min，备用。

用途：一种通用的营养培养基，用于各种微生物的培养，也可用于阪崎肠杆菌的纯化培养和产黄色素试验(GB标准)。

3）西蒙氏枸橼酸盐培养基

成分（g/L）和制法：NaCl5.0，硫酸镁0.2，磷酸二氢铵1.0，磷酸氢二钾1.0，柠檬酸钠5.0，琼脂15.0，溴麝香草酚蓝0.08，pH值6.8 ± 0.1，加热搅拌溶解于1000ml蒸馏水中，121℃高压灭菌15min，备用。

用途：用于肠道菌的柠檬酸盐利用试验(GB标准)。

5. 金黄色葡萄球菌相关培养基

1）7.5%NaCl肉汤

成分（g/L）和制法：蛋白胨10.0，牛肉浸粉5.0，NaCl75.0，pH值7.4 ± 0.1，加

热溶解于1000ml蒸馏水中，分装三角瓶或试管，121℃高压灭菌15min，备用。

用途：用于金黄色葡萄球菌的增菌培养（GB标准）。

2）Baird-Parker琼脂

成分（g/L）和制法：胰蛋白胨10.0，牛肉浸粉5.0，酵母浸粉1.0，丙酮酸钠10.0，甘氨酸12.0，氯化锂5.0，琼脂20.0，pH值 7.0±0.2，加热搅拌溶解于950ml蒸馏水中，分装每瓶 95ml，121℃高压灭菌 15min，临用前加热溶化琼脂，冷至50℃左右，于每95ml培养基中加入常温解冻的卵黄亚碲酸钾增菌剂5ml摇匀后倾入无菌平皿。使用前在冰箱贮存不得超过48h。

用途：用于金黄色葡萄球菌的选择性分离培养（GB、SN标准）。

3）肠毒素产毒培养基

成分（g/L）和制法：蛋白胨20.0，胰消化酪蛋白0.2，NaCl 5.0，磷酸氢二钾1.0，磷酸二氢钾1.0，氯化钙0.1，硫酸镁0.2，芋酸0.01，琼脂12.0，pH值7.2~7.4，加热溶解于 1000ml蒸馏水中，分装三角瓶，121℃高压灭菌15min，备用。

用途：用于金黄色葡萄球菌肠毒素产毒试验。

4）葡萄球菌增菌肉汤

成分（g/L）和制法：大豆蛋白胨3.5，酵母粉6.5，酪蛋白胨10.0，甘露醇5.0，甘氨酸10.0，磷酸氢二钾5.0，氯化锂5.0，丙酮酸钠10.0，pH值7.2~7.4，加热溶解于1000ml蒸馏水中，分装，每瓶200ml，121℃高压灭菌15min，冷至50℃左右时，每瓶加入过滤的1%亚碲酸钾溶液4ml，混匀，备用。

用途：用于凝固酶阳性葡萄球菌的选择性增菌。

5）胰酪大豆胨肉汤

成分（g/L）和制法：胰酪蛋白胨17.0，大豆蛋白胨3.0，NaCl 100.0，磷酸氢二钾2.5，葡萄糖2.5，pH值7.3±0.2，加热溶解于1000ml蒸馏水中，121℃高压灭菌15min备用。

用途：用于金黄色葡萄球菌的选择性增菌培养（公共卫生场所检验）。

6. 沙门菌、志贺菌相关培养基

1）亚硒酸盐胱氨酸增菌液（SC）

成分（g/L）和制法：蛋白胨5.0，乳糖4.0，亚硒酸氢钠4.0，磷酸氢二钠10.0，L-胱氨酸0.01，pH值 7.0±0.1，加热溶解于1000ml蒸馏水中，无菌操作分装于灭菌三角瓶或试管中备用。当天制备当天使用，无须高压灭菌。

用途： 用于沙门菌选择性增菌培养（GB、SN标准）。

2）胆硫乳琼脂（DHL）

成分（g/L）和制法： 蛋白胨20.0，牛肉浸粉3.0，乳糖10.0，蔗糖10.0，去氧胆酸钠2.0，硫代硫酸钠2.2，柠檬酸钠1.0，枸橼酸铁铵1.0，中性红0.03，琼脂16.0，pH值7.2 ± 0.1，加热溶解于1000ml蒸馏水中，待冷至60℃，倾入无菌平皿。无须高压灭菌。

用途： 肠道菌选择性培养基，特别用于沙门菌的选择性分离（GB、SN标准）。

3）亚硫酸铋琼脂（BS）

成分（g/L）和制法： 蛋白胨10.0，牛肉浸粉5.0，硫酸亚铁0.3，柠檬酸铋铵2.0，亚硫酸钠6.0，磷酸氢二钠4.0，葡萄糖5.0，煌绿0.025，琼脂20.0，pH值7.5 ± 0.2，加入1000ml蒸馏水中，加热煮沸至完全溶解，冷至45~50℃，摇匀，倾入无菌平皿备用。无须高压灭菌。保存于黑暗处，48h内使用。

用途： 用于沙门菌的选择性分离（GB、SN标准）。

4）氯化镁孔雀绿肉汤（MM）

成分（g/L）和制法： 胰蛋白胨4.5，NaCl 7.2，磷酸二氢钾1.44，氯化镁36.0，孔雀绿0.036，加入1000ml蒸馏水，121℃高压灭菌15min，备用。

用途： 用于沙门菌的选择性增菌培养（GB标准）。

5）HE琼脂（HE）

成分（g/L）和制法： 蛋白胨12.0，酵母浸粉3.0，三号胆盐9.0，乳糖12.0，蔗糖12.0，水杨苷2.0，NaCl 5.0，溴麝香草酚蓝0.065，硫代硫酸钠5.0，枸橼酸铁铵1.5，酸性品红0.1，琼脂14.0，pH值7.5 ± 0.2，溶解于1000ml蒸馏水中，煮沸不要超过1min，冷至50℃时，倾入无菌平皿，在24h内使用。注意保持培养基表面干燥。

用途： 用于沙门菌的选择性分离培养（GB标准）。

6）WS琼脂

成分（g/L）和制法： 月示蛋白胨12.0，牛肉膏3.0，NaCl 5.0，乳糖12.0，蔗糖12.0，十二烷基硫酸钠2.0，酸性复红0.1，溴麝香草酚蓝0.064，硫代硫酸钠6.8，枸橼酸铁铵0.8，琼脂12.0，pH值7.5 ± 0.1，加热煮沸溶解于1000ml蒸馏水中，倾入无菌平皿。无须高压灭菌。

用途：用于沙门菌的选择性分离（GB标准）。

7）缓冲蛋白胨水（BPW）

成分（g/L）和制法：蛋白胨10.0，NaCl 5.0，磷酸氢二钠(含12个结晶水)9.0，磷酸二氢钾1.5，pH值7.2 ± 0.2，加热溶解于1000ml蒸馏水中，121℃高压灭菌15min，备用。

用途：用于沙门菌前增菌培养，亦可用于李斯特氏菌前增菌培养（GB、SN标准）。

8）RVS肉汤

成分（g/L）和制法：大豆蛋白胨4.5，NaCl 7.2，磷酸二氢钾1.26，磷酸氢二钾0.18，氯化镁（$6H_2O$）28.6，孔雀蓝0.036，pH值5.2 ± 0.2，加热搅拌溶解于1000ml蒸馏水中，充分混匀，分装，121℃高压灭菌15min，保存于4~10℃冰箱。

用途：用于食品中沙门菌检验选择性增菌(ISO标准)。

9）GN增菌液

成分（g/L）和制法：胰蛋白20.0，葡萄糖1.0，磷酸二氢钾1.5，磷酸氢二钾4.0，甘露2.0，枸橼酸钠5.0，去氧胆酸钠0.5，NaCl 5.0，pH值7.0 ± 0.1，加热溶解于1000ml蒸馏水中，分装，115℃高压灭菌15min，备用。

用途：主要用于志贺菌的增菌培养，亦可用于沙门菌增菌培养（GB标准）。

10）志贺菌（BCT）增菌液

成分（g/L）和制法：蛋白胨20.0，复合氨基酸2.0，牛肉膏5.0，三号胆盐4.5，柠檬酸钠4.5，硫代硫酸钠4.5，蒸馏水加至1 000ml，加热溶解，冷却至25℃，校正pH值至7.2 ± 0.1，121℃高压灭菌15min，冷却后分装试管备用。

用途：用于志贺菌选择性增菌培养（GB标准）。

11）葡萄糖铵琼脂培养基

成分（g/L）和制法：NaCl 5.0，七水硫酸镁0.2，磷酸二氢铵 1.0，磷酸氢二钾（无水）1.0，葡萄糖5.0，琼脂20.0，0.2%溴麝香草酚蓝40.0 ml，蒸馏水加至1000ml，混合加热溶解，冷却至25℃，校正pH值至6.8 ± 0.1，121℃高压灭菌15min，放置成斜面，冷却后备用。

用途：用于志贺菌的葡萄糖铵试验（GB标准）。

12）葡萄糖半固体培养基

成分（g/L）和制法：蛋白胨10.0，牛肉粉3.0，NaCl 5.0，溴甲酚紫0.016，葡

萄糖10.0，琼脂3.0，pH值7.4±0.1，加热溶解于1000ml蒸馏水中，分装小试管，121℃高压灭菌15min，备用。

用途：用于志贺菌的生化试验（GB标准）。

7.副溶血性弧菌相关培养基

1）TCBS琼脂

成分（g/L）和制法：酵母浸粉5.0，蛋白胨10.0，硫代硫酸钠10.0，枸橼酸钠10.0，牛胆粉5.0，胆酸钠3.0，蔗糖20.0，NaCl 10.0，柠檬酸铁1.0，溴麝香草酚蓝0.04，百里酚蓝0.04，琼脂15.0，pH值8.6±0.1，煮沸溶解于1000ml蒸馏水中，冷至45~50℃时，倾入无菌平皿，备用，无须高压灭菌。

用途：用于致病性弧菌的选择性分离（GB、SN标准）。

2）NaCl多黏菌素B肉汤（SCP）

成分（g/L）和制法：蛋白胨10.0，酵母粉3.0，NaCl 20.0，pH值7.4±0.1，加入1000ml蒸馏水中，混合后加热溶解，分装于三角瓶中，每瓶100ml，121℃，15min高压灭菌，冷至50℃以下每100ml基础培养基中，加入25000U多黏菌素B，混匀，无菌分装于灭菌试管。

用途：用于副溶血性弧菌选择性增菌培养，用前应无菌加入多黏菌素B（SN标准）。

3）NaCl结晶紫增菌液

成分（g/L）和制法：蛋白胨20.0，NaCl 40.0，结晶紫0.0005，pH值9.0±0.1，加热溶解于1000ml蒸馏水中，分装，121℃高压灭菌15min，备用。

用途：用于副溶血性弧菌的选择性增菌培养（GB标准）。

4）NaCl蔗糖琼脂

成分（g/L）和制法：蛋白胨10.0，蔗糖10.0，牛肉浸粉10.0，NaCl 50.0，溴麝香草酚蓝0.04，琼脂18.0，pH值7.8±0.1，加热溶解100ml蒸馏水中，121℃高压灭菌15min，备用。

用途：用于副溶血性弧菌的选择性分离培养（GB标准）。

5）嗜盐菌选择性琼脂

成分（g/L）和制法：蛋白胨20.0，NaCl 40.0，结晶紫0.0005，琼脂17.0，pH值8.7，加热搅拌溶解于1000ml蒸馏水中，分装，121℃高压灭菌15min，备用。

用途：用于副溶血性弧菌的选择性分离培养（GB标准）。

6）NaCl血琼脂

成分（g/L）和制法：蛋白胨10.0，酵母粉3.0，磷酸氢二钠5.0，NaCl 70.0，甘露醇10.0，结晶紫0.001，琼脂15.0，pH值8.0 ± 0.1，煮沸溶解于1000ml蒸馏水中，待冷至45℃时，加入无菌脱纤维兔血 10~20ml，混合均匀，倾入无菌平皿，无须高压灭菌。

用途：用于副溶血性弧菌的溶血试验（GB标准）。

7）3%NaCl胰蛋白胨大豆琼脂

成分（g/L）和制法：胰蛋白胨15.0，大豆蛋白胨5.0，NaCl 30.0，琼脂15.0，pH值7.3 ± 0.2，溶解于1000ml蒸馏水中，三角瓶或试管分装，121℃高压灭菌15min，备用。

用途：用于副溶血性弧菌的纯化培养和血清学试验时增菌培养（GB标准）。

8）我妻氏培养基

成分（g/L）和制法：蛋白胨10.0，酵母浸粉3.0，NaCl 70.0，磷酸氢二钾5.0，甘露醇10.0，结晶紫0.001，琼脂15.0，pH值8.0 ± 0.1，溶解于100ml蒸馏水中，加热30min，待冷至50℃左右时，按 5% 的体积加入新鲜兔血细胞，混匀，倾入无菌平皿，无须高压灭菌。

用途：用于副溶血性弧菌神奈川现象试验（GB标准、SN）。

9）3%NaCl三糖铁(TSI)琼脂

成分（g/L）和制法：蛋白胨15.0，酵母浸粉3.0，牛肉浸粉3.0，NaCl 30.0，月示胨5.0，乳糖10.0，葡萄糖1.0，蔗糖10.0，苯酚红0.024，硫酸亚铁0.2，硫代硫酸钠0.3，琼脂12.0，pH值7.4 ± 0.2，加热溶解于 1000ml蒸馏水中，分装于15mm × 150mm试管中，121℃高压灭菌15min，制成斜面，斜面长4~5cm，底部深厚 2~3cm，备用。

用途：用于副溶血性弧菌的三糖试验（GB标准）。

10）3% NaCl甘露醇试验培养基

成分（g/L）和制法：牛肉膏5.0，蛋白胨10.0，NaCl 30.0，磷酸氢二钠2.0，甘露醇5.0，溴麝香草酚蓝0.024，蒸馏水1000.0ml，校正pH值至7.4 ± 0.2，分装小试管，121℃高压灭菌10min。

用途：用于副溶血性弧菌的生化特性鉴定（GB标准）。

11）3% NaCl赖氨酸脱羧酶试验培养基

成分（g/L）和制法：蛋白胨5.0，酵母浸膏3.0，葡萄糖1.0，溴甲酚紫0.02，L-赖氨酸5.0，NaCl 30.0，蒸馏水1 000ml，除赖氨酸以外的成分溶于蒸馏水中，校正pH值至6.8 ± 0.2。再按0.5%的比例加入赖氨酸，分装小试管，每管0.5ml，121℃高压灭菌15min。

用途：用于副溶血性弧菌的生化特性鉴定（GB标准）。

12）3% NaCl MR-VP培养基

成分（g/L）和制法：多胨7.0，葡萄糖5.0，磷酸氢二钾5.0，NaCl 30.0，蒸馏水1000.0 ml，校正pH值至6.9 ± 0.2，分装试管，121℃高压灭菌15min。

用途：用于副溶血性弧菌的生化特性鉴定（GB标准）。

附录三　常用染色液的配制

1. 革兰氏染色液的配制

1）结晶紫染色液

配制方法：将1.0g结晶紫完全溶解于20ml 95%乙醇，然后与80ml 1%草酸铵水解液混合。

2）碘液

配制方法：将1.0g碘与2.0g碘化钾混合，然后加少许蒸馏水充分振摇，待完全溶解，再加蒸馏水至300ml。

3）沙黄复染液

将0.25g沙黄溶解于10ml 95%乙醇中，然后加90ml蒸馏水稀释。

2. 吕氏碱性正甲蓝染色液

（1）甲液的配制：正甲蓝0.6g，溶于30ml 95%乙醇中。

（2）乙液的配制：0.01g氢氧化钾，溶于100ml蒸馏水中。

分别配好甲液和乙液，混合即成。

3. 苯酚复红染色液

（1）甲液的配制：碱性复红0.3g，10ml 95%乙醇。

（2）乙液的配制：苯酚5g，95ml蒸馏水。

将碱性复红研磨后，逐渐加入95%乙醇，继续研磨使之溶解，配成甲液；将苯酚溶解在蒸馏水中，配成乙液，混合甲液和乙液即成。

4. 芽孢染色液

（1）孔雀绿染色液配制：5g孔雀绿溶于100ml蒸馏水中。

（2）番红水溶液配制：0.5g番红溶于100ml蒸馏水中。

5. 乳酸石炭酸棉蓝染色液

配制方法：石炭酸10g，乳酸（比重1.21）10ml，甘油20ml，棉蓝（苯胺蓝）0.21g，蒸馏水10ml。将石炭酸加入蒸馏水中，加热溶解，再加入乳酸和甘油，最后加棉蓝。

附录四　常用试剂、溶液的配制

1. 生理盐水

配制方法：8.5g NaCl溶于1000ml蒸馏水中，充分搅拌溶解，121℃高压灭菌15min。

2. 磷酸盐缓冲液（PBS）

（1）储备液的配制：磷酸二氢钾34g，蒸馏水500ml。

将磷酸二氢钾溶于蒸馏水中，1mol/L 氢氧化钠约175ml，调pH值7.2，加蒸馏水至1000ml，储存于冰箱中。

（2）稀释液配制：取储存液1.25ml，加蒸馏水稀释至1000ml，分装合适的容器后，121℃高压灭菌15min。

3. 氢氧化钠溶液（1N浓度）

配制方法：40g氢氧化钠溶解于1000ml蒸馏水中，充分混合。

4. HCl溶液（1N浓度）

配制方法：83.3ml浓盐酸加入917.6ml蒸馏水中，充分混合。

5. H_2SO_4溶液（1N浓度）

配制方法：将28ml浓硫酸沿器壁慢慢注入972ml水中，并不断搅拌，使稀释产生的热量及时散出。

6. 3% NaCl溶液

配制方法：将30.0g NaCl溶于1000.0 ml蒸馏水中，校正pH值至7.2 ± 0.2，121℃高压灭菌15min。

7. 75%酒精

配制方法：将无水乙醇和蒸馏水按照3:1的比例混合均匀。

8. 甲基红指示剂

配制方法：将0.1g甲基红溶于300ml 95%乙醇，加水稀释至500ml。

9. 吲哚试剂

1）A液的配制：2.5g二甲氨基苯甲醛溶于10ml浓盐酸和90ml 95%乙醇中。

2）B液的配制：1.0g过硫酸钾溶于100ml蒸馏水中。

A液和B液各成分完全溶解后，储存在棕色瓶中，4~6℃保存，临用时等体积混合。

10. 苯胺试剂

配制方法：二苯胺0.5g，浓硫酸100ml，蒸馏水20ml，将二苯胺徐徐转移到浓硫酸中溶解，用蒸馏水稀释，保存在棕色瓶中。

附录五　常用计量单位

（1）溶液浓度：用mol/L，不用M（克分子浓度）和N（当量浓度）等非许用单位表示。

（2）百分浓度：务必注明是重量百分浓度还是体积百分浓度。

（3）旋转速度：用 r/min、×g，不用rpm。

（4）蒸汽压力：用Pa或kPa、MPa表示，不用大气压at、kg/m^2或kg/cm^2等。

（5）光密度：用*OD*表示。

（6）生物大分子的分子量：蛋白质用u或ku表示，核酸用bp或kb表示。

（7）重量单位：吨（t）、千克（kg）、克（g）、毫克（mg）、微克（μg）等。

（8）cfu/ml：指的是每毫升样品中含有的细菌菌落总数。

（9）cfu/g：指的是每克样品中含有的细菌菌落总数。

（10）cfu/cm^2：指的是每平方厘米样品中含有的细菌菌落总数。

附录六　国内外相关食品类报刊

一、中文核心期刊

1.《食品科学》

2.《食品工业科技》

3.《食品与发酵工业》

4.《中国油脂》

5.《中国调味品》

6.《无锡轻工大学学报》

7.《食品科技》

8.《食品工业》

9.《中国乳品工业》

10.《中国粮油学报》

11.《中国酿造》

12.《酿酒》

13.《茶叶科学》

14.《郑州工程学院学报》

二、中文其他期刊

1.《中国食品学报》

2.《中国食品添加剂》

3.《广州食品工业科技》

4.《肉类工业》

5.《粮食与油脂》

6.《粮油食品科技》

7.《中外葡萄与葡萄酒》

8.《乳业科学与技术》

9.《甘蔗糖业》

10.《食品与机械》

11.《山西食品工业》

12.《饮料工业》

13.《烟草科技》

14.《营养学报》

三、中文报纸

1.《中国食品报》

2.《中国食品质量报》

四、外文期刊

1. *Journal of Food Science*

2. *Food Chemistry*

3. *Journal of Agriculture and Food Chemistry*

4. *Food Science and Technology Research*

5. *Food Technology*

6. *Food Research International*

7. *Journal of the Science of Food and Agriculture*

8. *Journal of Food Engineering*

9. *International Journal of Food Science and Nutrition*

10. *Journal of Food Processing and Preservation*

11. *Journal of Food Composition and Analysis*

12. *Food and Chemical Toxicology*

13. *European Food Research and Technology*

14. *Food Biotechnology*

15. *International Journal of Dairy Technology*

16. *Journal of Dairy Science*

17. *Cereal Chemistry*

18. *Journal of Cereal Science*

19. *Journal of Food Lipids*

20. *Meat Science*

21. *Journal of Applied Glycoscience*

22. *Journal of Food Safety*

23. *Food Control*

24. *Critical Review in Food Science and Nutrition*

25. *Trends in Food Science & Technology*

26. *Food Reviews International*

参考文献

CANKAO WENXIAN

参考文献

［1］ 许建国,高亚,孙凤,等. 网络Meta分析研究进展系列（十四）：动态网络Meta分析简介［J］. 中国循证心血管医学杂志, 2021, 13（7）: 769-772，87.

［2］ 缪弈洲, 张月红.科研诚信建设背景下贡献者角色分类（CRediT）标准解读及应用建议 ［J］. 出版与印刷, 2021（2）: 1-6.

［3］ 马丽, 冯晓敏, 柏国明, 等. 商品化室内质控物用于新冠病毒核酸检测试剂检出限验证结果分析 ［J］. 标记免疫分析与临床, 2021, 28（5）: 881-883，6.

［4］ 张岩. 影响食品检验准确性的因素分析 ［J］. 现代食品, 2020（14）: 50-51，92.

［5］ 张天嵩, 孙凤, 董圣杰, 等. 网络Meta分析研究进展系列（二）：网络Meta分析统计模型及模型拟合软件选择 ［J］. 中国循证心血管医学杂志, 2020, 12（7）: 769-774，93.

［6］ 孙凤, 杨智荣, 张天嵩, 等. 网络Meta分析研究进展系列之一：概述 ［J］. 中国循证心血管医学杂志, 2020, 12（6）: 644-650.

［7］ 靳晓婷. 分析化学中检出限与测定下限分析 ［J］. 化工设计通讯, 2020, 46（11）: 71-72.

［8］ 黄铭仕. 关于影响食品检验准确性的因素分析及提高措施探讨 ［J］. 食品安全导刊, 2020 （24）: 87，91.

［9］ 黄鹤品. 影响食品检验准确性的因素分析及对策探讨 ［J］. 现代食品, 2020（4）: 182-183，94.

［10］ 何双. 数理统计学在评价食品分析方法中的运用 ［J］. 食品研究与开发, 2020, 41（13）: 227.

［11］ 初景利, 解贺嘉. 学术期刊作者贡献声明规范建设与思考 ［J］. 中国科技期刊研究, 2020, 31（10）: 1164-1170.

［12］ 朱英莲, 郭丽萍, 仇宏伟. 与职业（行业）标准相衔接高校《食品微生物检验》实验课程教学改革与实践 ［J］. 食品与发酵科技, 2019, 55（5）: 134-138.

［13］ 朱丹实, 吕艳芳, 白凤翎, 等. 基于新工科食品人才培养的“微生物学”课程群建设探索与实践［J］. 农产品加工, 2019（15）: 106-109.

［14］ 周绍琴, 孙大利. 翻转课堂模式在食品微生物学实验教学中的应用探讨［J］. 现代农业科技, 2019（13）: 247，50.

［15］ 赵芹. 新工科视域下的食品类“金课”建设探索［J］. 山东教育（高教）, 2019（6）: 35-36.

［16］ 张稚鲲, 李文林. 信息检索与利用［M］. 3 版.南京： 南京大学出版社, 2019.

［17］ 张雪颖. 食品微生物学实验课:主题选择和学生能动性 ［J］.科教导刊-电子版（中旬）, 2019（9）: 118.

［18］ 于有伟, 张少颖, 张秀红, 等. 如何在“食品微生物实验技术”教学中运用PBL教学法培养本科生的综合能力［J］. 西部素质教育, 2019, 5（14）: 4-6.

［19］ 吴海清, 肖萍, 何新益, 等. “食品微生物学实验”改革案例——传统发酵食品中乳酸菌的分离纯化及分子生物学鉴定综合性实验［J］. 农产品加工（上半月）, 2019（10）: 105-106,9.

［20］ 王欣梅, 肖革新, 梁进军, 等. 空间统计学在食品污染物分布研究中的应用［J］. 中华流行病学杂志, 2019（2）: 241-246.

［21］ 王立英, 秦珠, 廖怡, 等. 新工科下多学科交叉创新性物理实验课程改革［J］. 大学物理, 2019, 38（09）: 43-48.

［22］ 欧阳杰, 柳小文. 论大学生创新性实验项目的实践与建设［J］. 电脑知识与技术, 2019, 15（16）: 74-75.

［23］ 宁喜斌, 陈成. 优化《食品微生物学实验》教学体系调动学生的学习积极性［J］. 教育教学论坛, 2019（34）: 227-228.

［24］ 刘亚平, 王愈, 石建春. “食品包装学”课程思政融合教育探索实践［J］. 农产品加工, 2019（19）: 110-112，5.

［25］ 凌洁玉. 应用型本科食品微生物检测技术实验教学的改革探索与实践［J］. 现代农业科技, 2019（8）: 257，62.

［26］ 梁燕秀. 虚拟仿真实验技术在“食品微生物检验”教学中的应用探索［J］. 福建轻纺, 2019（9）: 48-50.

[27] 梁杰, 黄建辉, 蔡力锋, 等. 应用型本科院校《食品微生物学实验》课程教学改革与探索 [J]. 山东化工, 2019, 48 (5): 160-162.

[28] 李秀霞, 刘贺, 白凤翎, 等. 面向新工科的地方高校食品专业人才培养模式探索 [J]. 食品工业, 2019, 40 (8): 234-238.

[29] 李娜, 杨剑, 赵玲艳. 食品微生物学实验教学模式多样性探究 [J]. 轻工科技, 2019, 35 (9): 175-176.

[30] 李昊翔. 食品微生物实验技术教学中应用PBL教学法的实践分析 [J]. 湖北开放职业学院学报, 2019, 32 (15): 150-152.

[31] 蓝蔚青, 谢晶, 孙晓红, 等. 课程思政视角下"食品资源循环与利用"教学改革探讨 [J]. 教育教学论坛, 2019 (18): 3-4.

[32] 贾智伟, 贺科学, 黄亚飞. 大学生创新性实验计划的实施实践与思考 [J]. 教育现代化, 2019, 6 (63): 65-68.

[33] 姬晓娜, 鲁铁. 课程思政在食用菌工艺学课程教学中的体现 [J]. 食品安全导刊, 2019 (24): 64-65.

[34] 郭燕, 刘亮. 思政教育融入"食品安全快速检测技术"教学的探索与实践 [J]. 农产品加工 (下半月), 2019 (3): 90-92.

[35] 葛雪梅, 褚兰玲, 吴彩娥, 等. 新工科引导下食品微生物学教学实践的探讨 [J]. 轻工科技, 2019, 35 (2): 138-140.

[36] 邓军彪. 高校思政与食品安全教育——评《食品安全概论》 [J]. 中国酿造, 2019, 38 (10): 后插6.

[37] 别子俊, 陈阳, 黄爱兰, 等. "新工科"背景下PBL教学模式在"食品理化分析"课程中的应用 [J]. 农产品加工, 2019 (7): 102-104.

[38] 贲宗友, 杜庆飞, 孙艳辉, 等. 新工科背景下应用型本科院校课程建设实践与创新研究——以食品工程原理课为例 [J]. 洛阳师范学院学报, 2019, 38 (5): 83-86.

[39] 朱本伟, 孙芸, 姚忠. 基于创新能力培养的食品微生物实验教学探索与反思 [J]. 生物学杂志, 2018, 35 (5): 113-115.

[40] 郑学斌, 胥振国, 仰玲玲, 等. 浅谈如何把思政融入食品专业教学中 [J]. 教育教学论坛, 2018 (43): 61-62.

[41] 叶俊. 结合微课的翻转课堂教学模式在食品微生物学实验教学中的应用探索[J]. 教育教学论坛, 2018(37): 136-137.

[42] 武烨. 基于虚拟仿真实验室的创新性实验教学改革探索[J]. 科技资讯, 2018, 16(22): 162-163.

[43] 孟祥勇, 宋腾, 昝逢宇. 新工科背景下食品微生物学课程教学改革[J]. 教育现代化, 2018, 5(16): 45-46.

[44] 姜丹, 马丽娜, 吴金春. "互联网+"背景下PBL+CBL教学法在食品微生物学课程的应用[J]. 卫生职业教育, 2018, 36(20): 75-76.

[45] 贾永霞. 创新性实验教学的探究与实践[J]. 实验室研究与探索, 2018, 37(12): 206-208.

[46] 毕文慧, 郝征红, 于辉, 等. 以应用型人才培养为导向的食品微生物课程群实验教学改革研究[J]. 山东农业工程学院学报, 2018, 35(11): 176-178.

[47] 徐小雄. 浅谈应用型本科院校《食品微生物实验》的课程建设：以海南热带海洋学院为例[J]. 内江科技, 2017, 38(3): 85-86.

[48] 熊利霞, 刘慧, 谢远红, 等. 食品质量与安全专业食品微生物基础实验的改革实践[J]. 教育教学论坛, 2017(19): 137-138.

[49] 王大慧, 许宏庆, 卫功元. 基于微课的翻转课堂实践在"食品微生物学实验"教学中的应用[J]. 微生物学通报, 2017, 44(5): 1230-1235.

[50] 宁喜斌, 晨凡. 高校《食品安全学》课程思政教育的设计与实践[J]. 安徽农学通报, 2017, 23(17): 153-154.

[51] 李雪玲, 胡文锋, 廖振林, 等. 探究式教学模式在"食品微生物学"实验教学中的实践[J]. 农产品加工, 2017(24): 74-76, 9.

[52] 胡迪忠, 谭恺炎. 精度、精密度、精确度、准确度、正确度等释义与应用[J]. 大坝与安全, 2017(5): 15-17.

[53] 侯爱香, 李宗军, 吴卫国, 等.《食品微生物学实验》课程教学应用PBL教学法和5S原理的探讨[J]. 轻工科技, 2017, 33(2): 140-142.

[54] 高德毅, 宗爱东. 从思政课程到课程思政：从战略高度构建高校思想政治教育课程体系[J]. 中国高等教育, 2017(1): 43-46.

[55] 崔林蔚, 陆颖. 基于作者署名排序的作者贡献要素分析：以《图书情报工作》2015-2016年作者贡献声明为例［J］. 图书情报工作, 2017, 61（9）: 80-86.

[56] 朱晓妮. 综合设计性实验在食品微生物实验中的应用［J］. 食品安全导刊, 2016,（24）: 102.

[57] 林丽萍, 郜彦彦, 张凤英, 等. “互联网+教室”混合课程教学模式的构建与应用研究：以食品微生物学为例［J］. 现代教育科学, 2016（12）: 118-123.

[58] 邓柯, 陈孟裕, 金锋, 等. 中国进口食品安全风险评估的统计学方法［J］. 数理统计与管理, 2016, 35（5）: 761-769.

[59] 伍彬, 叶日英. 食品微生物实验教学改革研究［J］. 安徽农业科学, 2015（10）: 374-375.

[60] 王蔚新. 基于培养学生创新能力的地方师范院校食品微生物学实验课程改革研究［J］. 山东化工, 2015, 44（16）: 176-177，9.

[61] 何余堂, 解玉梅, 刘贺, 等. 食品生物统计学课程的教学改革与探索［J］. 食品与发酵科技, 2015, 51（5）: 67-69.

[62] 高文庚, 李平兰. 注重理论与实践相结合的食品微生物学:国家级规划教材《食品微生物学》《食品微生物学实验原理与技术》书评［J］. 食品科学, 2015, 36（6）: 267.

[63] 中华人民共和国国家质量监督检验检疫总局，中国国家标准化管理委员会. 标准化工作指南　第1部分：标准化和相关活动的通用术语：GB/T 20000.1—2014［S］.北京：中国标准出版社，2015.

[64] 王锰. 数字时代的目录学理论体系研究［D］.江苏：南京大学, 2014.

[65] 王立诚. 科技文献检索与利用［M］. 5 版.南京：东南大学出版社, 2014.

[66] 张佳琪, 吕远平, 姚开, 等. 食品微生物学实验课立体化教学体系的构建［J］. 微生物学通报, 2013, 40（2）: 322-327.

[67] 鄢子平, 柳建乔. 从“通讯作者”现象谈科技论文署名的严肃性［J］. 中国科技期刊研究, 2013, 24（4）: 723-725.

[68] 王玲, 伍彬. 食品微生物学实验教学过程中培养学生创新能力的实践与探索［J］. 微生物学杂志, 2013, 33（5）: 106-109.

[69] 曾宪涛, 黄伟, 田国祥. Meta分析系列之九：Meta分析的质量评价工具 [J].中国循证心血管医学杂志, 2013, 5（1）: 3-5.

[70] 张增帅, 郑战伟, 罗喻红, 等. 食品微生物实验教学中创新性思维的应用探索 [J]. 农产品加工（学刊）, 2012（1）: 139-141.

[71] 王艳洁, 那广水, 王震, 等. 检出限的涵义和计算方法 [J]. 化学分析计量, 2012, 21（5）: 85-88.

[72] 贾贤, 王霞, 李忠富, 等. 科技论文中等同贡献作者和共同通讯作者的署名问题 [J]. 中国科技期刊研究, 2012, 23（4）: 603-605.

[73] 曾宪涛, 庄丽萍, 杨宗国, 等. Meta分析系列之七：非随机实验性研究、诊断性试验及动物实验的质量评价工具 [J]. 中国循证心血管医学杂志, 2012, 4（6）: 496-499.

[74] 曾宪涛, 冷卫东, 郭毅, 等. Meta分析系列之一：Meta分析的类型 [J]. 中国循证心血管医学杂志, 2012, 4（1）: 3-5.

[75] 曾宪涛, S.W.KWONG J, 田国祥, 等. Meta分析系列之二：Meta分析的软件 [J]. 中国循证心血管医学杂志, 2012, 4（2）: 89-91.

[76] 李铁晶, 许岩, 江云庆. “食品微生物学”教学改革的创新性设计 [J]. 东北农业大学学报（社会科学版）, 2011, 9（5）: 105-107.

[77] 王钦德，, 杨坚. 食品试验设计与统计分析基础 [M]. 北京：中国农业大学出版社, 2009.

[78] 刘国华. 论目录学基础理论（下）[J]. 图书馆工作与研究, 2009（1）: 55-57.

[79] 袁晓鹰, 周尊英. 准确度、正确度和精密度试验间的区别与关系 [J]. 煤质技术, 2008（3）: 30-31，3.

[80] 冉敬, 杜谷, 杨乐山, 等. 关于检出限的定义及分类的探讨 [J]. 岩矿测试, 2008（2）: 155-157.

[81] 刘国华. 论目录学基础理论（上）[J]. 图书馆工作与研究, 2008（11）: 30-32.

[82] 田强兵. 分析化学中检出限和测定下限的探讨 [J]. 化学分析计量, 2007（3）: 72-73.

[83] 吕涛, 冯奇, 史利涛, 等. 分析方法检出限的确定 [J]. 漯河职业技术学院学报,

2007（4）: 191-192.

［84］ 张积玉. 注释、参考文献著录中若干规范问题再探 ［J］. 吉林大学社会科学学报, 2006（6）: 140-147.

［85］ 姜春林, 刘则渊, 梁永霞. H指数和G指数——期刊学术影响力评价的新指标 ［J］. 图书情报工作, 2006（12）: 63-65，104.

［86］ HMELO-SILVER C E, BARROWS H S. Goals and strategies of a problem-based learning facilitator ［J］. IJPBL, 2006, 1（1）: 4.

［87］ 袁飞, 徐宝梁, 贾建会, 等. 食品中产单核李斯特菌PCR检测灵敏度的研究 ［J］. 中国卫生检验杂志, 2005 （11）: 15-17.

［88］ 孙丽娟. 科技论文作者署名排序与通讯作者 ［J］. 中国科技期刊研究, 2005, 16（2）: 242-244.

［89］ 樊瑜. 期刊分类探讨 ［J］. 图书馆建设, 2005（1）: 71-72，8.

［90］ 冯仁丰. 分析灵敏度（检测限） ［J］. 上海医学检验杂志, 2002（3）: 133-136.

［91］ 张耀明. 随机误差、系统误差与精密度、正确度和准确度 ［J］. 上海计量测试, 2000（2）: 22-25.

［92］ 袁秉鉴. 分光光度法的精密度和准确度 ［J］. 化学分析计量, 2000（4）: 30-32.

［93］ GARVEY M T, O'SULLIVAN M, BLAKE M. Multidisciplinary case - based learning for undergraduate students ［J］. Eur J Dent Educ, 2000, 4（4）: 165-168.

［94］ EVENSEN D H, HMELO C E, HMELO-SILVER C E. Problem-based learning: A research perspective on learning interactions ［M］. London:Routledge, 2000.

［95］ 李俊锁, 钱传范. 农药残留分析中的检测限和测定限［J］. 农药译丛, 1997（2）: 56-59，2.

［96］ 刘影春. 社科论文注释和参考文献的著录规范［J］. 上饶师专学报, 1995（2）: 94-95.

［97］ 高若梅, 刘鸿皋. 检出限概念问题讨论——IUPAC及其他检出限定义的综合探讨和实验论证 ［J］. 分析化学, 1993（10）: 1232-1236.

［98］ 赵齐川. 数理统计学在评价食品分析方法中的应用［J］. 食品科学, 1988（11）: 9-11.